中高职一体化机械设计制造类专业融合式项目教程

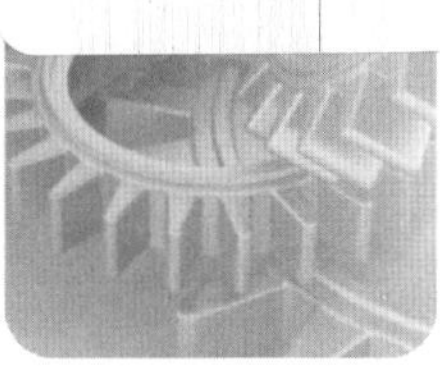

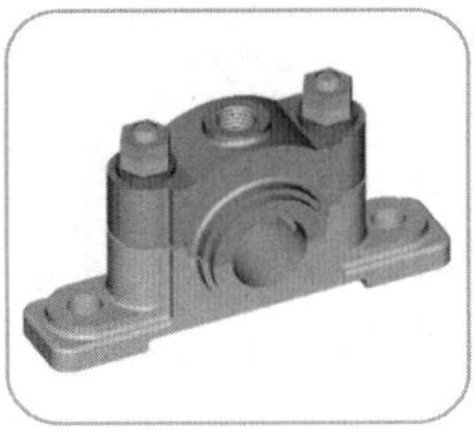

常用产品数控加工（上册）

B教程

禹　诚　卢　威　苏　晶　主编
王宇轩　陈　功
张　杨　车海峰　参编

華中科技大學出版社
http://press.hust.edu.cn
中国·武汉

内容简介

本系列教材的A、B教程需同步使用，强调以学习者为中心，以工作过程为导向，以做定学，以学定教，以评促学。需要做什么，就学什么；需要学什么，就教什么；学了什么，就测评什么。同步检测做、学、教的效果，有效控制项目教学过程，确保项目教学效果。

本教材对应A教程中“减速器零件测绘与装配”项目实施需要，以工作过程导向，编写够用的链接知识，助力学生完成对应A教程的任务实施。重点学习机械制图、机械基础、CAD/CAM技术应用、零件测量与质量控制技术等领域知识和技能。

图书在版编目(CIP)数据

常用产品数控加工(上册)B教程 / 禹诚，卢威，苏晶主编. -- 武汉 ：华中科技大学出版社，2024. 7. --(中高职一体化机械设计制造类专业融合式项目教程). -- ISBN 978-7-5680-9745-1

Ⅰ. TG659-39

中国国家版本馆 CIP 数据核字第 202456D2W3 号

常用产品数控加工(上册)B教程
Changyong Chanpin Shukong Jiagong(Shangce)B Jiaocheng

禹　诚　卢　威　苏　晶　主编

策划编辑：王红梅
责任编辑：李　露
封面设计：原色设计
责任校对：刘小雨
责任监印：周治超

出版发行：华中科技大学出版社(中国·武汉)　　电话：(027)81321913
武汉市东湖新技术开发区华工科技园　　邮编：430223

录　　排：武汉市洪山区佳年华文印部
印　　刷：武汉科源印刷设计有限公司
开　　本：787mm×1092mm　1/16
印　　张：12.75
字　　数：263千字
版　　次：2024年7月第1版第1次印刷
定　　价：88.00元

党的二十大报告提出，坚持把发展经济的着力点放在实体经济上，推进新型工业化，加快建设制造强国、质量强国、航天强国、交通强国、网络强国、数字中国。习近平总书记强调："装备制造业是国之重器，是实体经济的重要组成部分"。在推进中国式现代化的进程中，装备制造类技术技能人才对促进"强国"战略新质生产力发展起到重要作用。

为了培养促进"强国"战略新质生产力发展所需的高水平装备制造类技能人才，编写团队专注中高职教育教学改革20多年，积累了丰富的项目化教学改革经验。本系列教材聚焦机械设计制造类专业学生学习和教师教学的痛点：一是中职和高职阶段专业课程缺乏统筹规划，教学衔接不畅，岗课证赛融通困难，毕业生难以满足企业岗位需求；二是传统专业教学通常采用专业基础和专业课分门分科教学，互为支撑的课程因开设时间不连续而彼此割裂，理论知识和实践技能脱节，造成学生学习困难、教师教学不畅。

编写团队依据陶行知"教学做合一"理念，通过对标机械设计制造类专业的职业面向、培养目标定位、专业能力要求，精心设计思政性、趣味性、实用性、连贯性的教学项目，形成中高职一体化全学程专业教学项目链，创新编写中高职一体化融合式纯项目化教材，破解中高职教学衔接不畅、课程割裂、理实脱节等难题。教材在项目任务选题上突出思政功能，引入中国传统文化元素、突出环保理念、借用大国重器等情境，树立学生文化自信、促进学生环保意识、激发学生专业担当、培植学生报国之志，有效达成价值塑造、知识传授、能力培养的有机融合。该系列教材包括：简单产品普通加工、中等复杂产品数控加工、复杂产品综合加工、多轴加工与数控设备装调、智能产品创新设计共五大模块的上下册共10套教材，每套教材都包括"做学教评同步"A、B教程。

A教程为基于项目实施过程的"做学教评"同步工作页，B教程为基于项目实施过程的"跨科目融合"同步学习页。教学团队联合企业专家，根据知识对岗位能力的贡献度，依据国家教学标准，将关键学习领域知识点进行了编码(机械设计制造类专业关键知识点编码表见附录)。不同领域的知识点学习页在B教程中用不同标识色块进行了区别，提取全套教材中同标识色块学习页，按知识点编码顺序装订成册将获得传统学科教材，有效兼顾了传统教学模式的教学用书。

本系列教材的A、B教程需同步使用，强调以学习者为中心，以工作过程为导向，以做定学，以学定教，以评促学。需要做什么，就学什么；需要学什么，就教什么；学了什么，就测评什么。同步检测做、学、教的效果，有效控制项目教学过程，确保项目教学效果。

本教材为《常用产品数控加工（上册）B教程》，根据对应A教程中"减速器零件测绘与装配"项目实施需要，以工作过程导向，编写够用的链接知识，助力学生完成对应A教程的任务实施。重点学习机械制图、机械基础、CAD/CAM技术应用、零件测量与质量控制技术等领域知识和技能。

本教材由禹诚、卢威（红安县职教中心）、苏晶担任主编，参加编写的还有王宇轩、陈功、张杨老师和车海峰等企业技术技能大师。

特别感谢为教材编写提供帮助的企业专家和毕业生！由于教学团队的教学改革还在持续进行，教学项目还在不断优化，教材编写还存在很多不足，敬请各位专家、读者原谅，欢迎大家多提宝贵修改意见，谢谢！

编　者

2024年6月30日于武汉

链接知识 B201　键连接

1. 键的用途

键(标准件)通常用来连接轴和装在轴上的转动零件(如齿轮、带轮等),确保两者之间同步旋转,并起到传递扭矩的作用,如图 B201-1 所示。

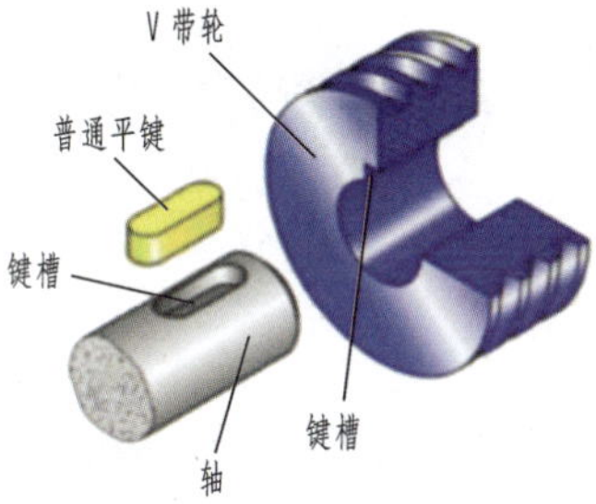

图 B201-1　键的工作原理

2. 键的分类及连接

键的种类有普通平键、半圆键、楔键,如图 B201-2 所示。

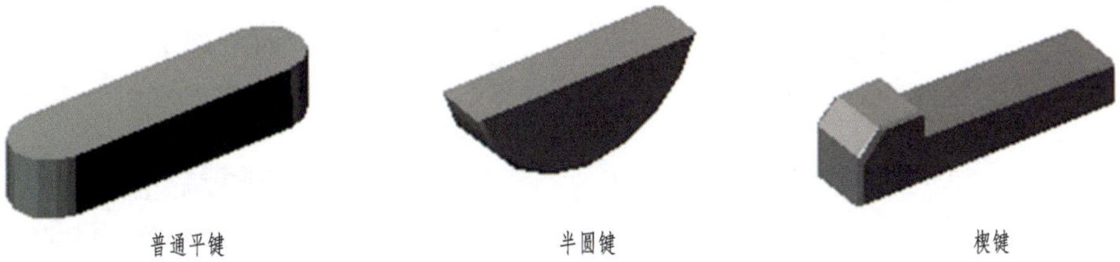

图 B201-2　键的种类

(1) 普通平键的两侧面是工作表面,连接时与键槽接触,键的顶端与孔上的键槽顶面之间有间隙,连接示意图如图 B201-3 所示。

(2) 半圆键的两侧面是工作表面,可用于锥形轴与轮毂的连接,但对轴的强度削弱较大,连接示意图如图 B201-4 所示。

(3) 楔键的上下表面是工作表面,两侧面为非工作面,连接示意图如图 B201-5 所示。

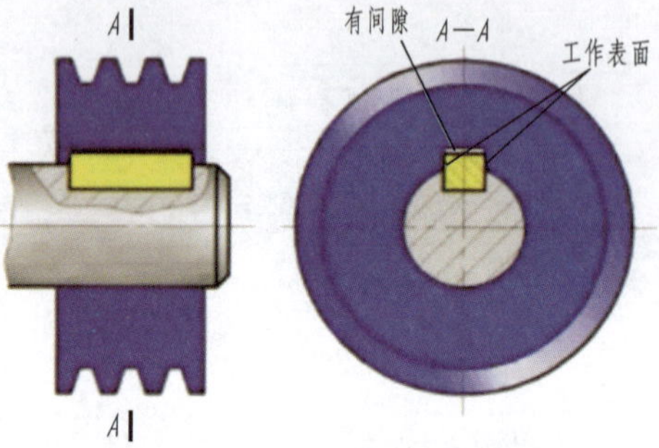

图 B201-3　普通平键连接示意图

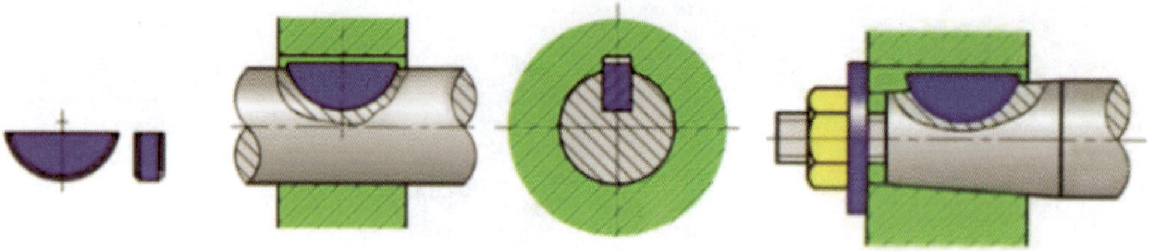

图 B201-4　半圆键连接示意图

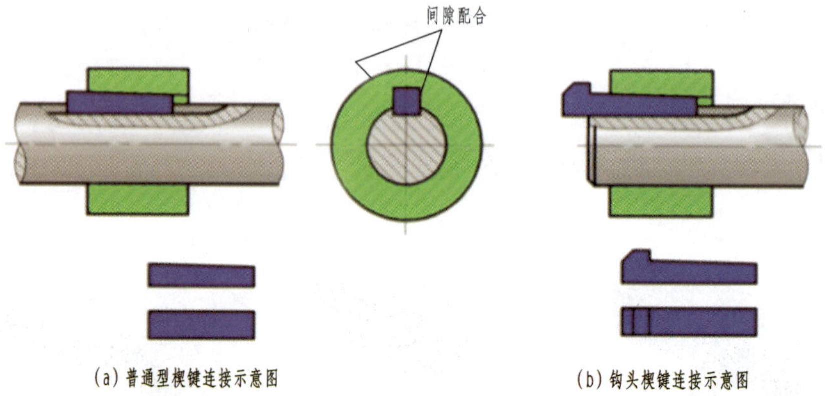

图 B201-5　楔键连接示意图

3. 键的标记

(1) 普通平键与键槽的形状及尺寸。

普通平键有三种结构型式的，如图 B201-6 所示（倒角或倒圆未画），A 型的为圆头普通平键，B 型的为方头普通平键，C 型的为单圆头普通平键。普通平键的主要结构尺寸为键宽 b、键高 h、键长 L。

(2) 普通平键的标记。

普通平键的标记格式为

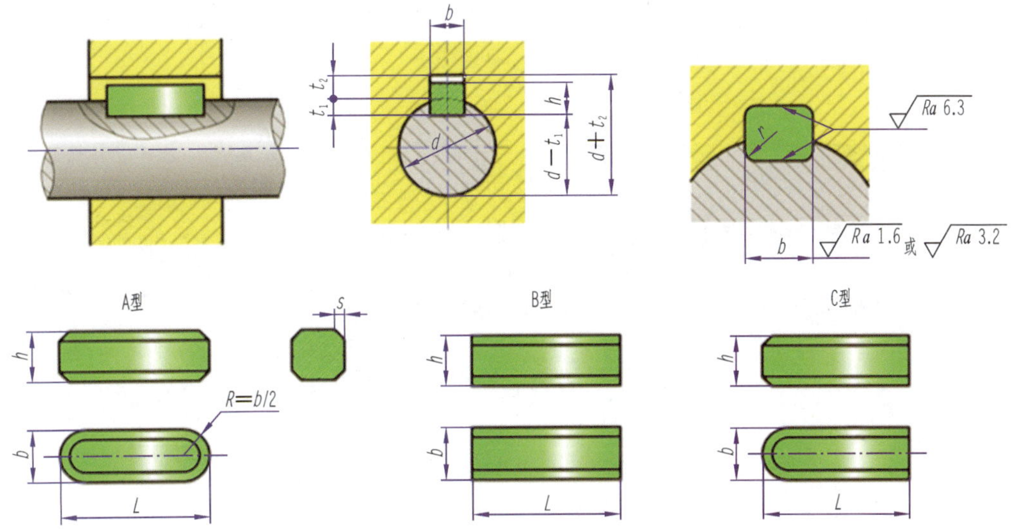

图 B201-6　普通平键的结构形式

名称　键的型式　键　$b\times h\times L$　GB1096-2003

例如：GB/T 1096　键　B18×11×100，表示方头普通平键（B 型），$b=18$ mm，$h=11$ mm，$L=100$ mm。圆头普通平键在标记中可以省略级别符号 A。更多示例如下。

① GB/T 1096　键　16×10×100：圆头普通平键，$b=16$ mm，$h=10$ mm，$L=100$ mm。

② GB/T 1096　键　B16×10×100：方头普通平键，$b=16$ mm，$h=10$ mm，$L=100$ mm。

③ GB/T 1096　键　C16×10×100：单圆头普通平键，$b=16$ mm，$h=10$ mm，$L=100$ mm。

A 型的可省略字母，B 型和 C 型的必须标出代表型号的字母。

（3）键的选择。

根据轴的直径查表选键。如：轴的直径（轴径）为 55 mm，查表 B201-1 得出键的各类尺寸为 $b=16$ mm；$h=10$ mm；$L=45\sim180$ mm，对于 L，给出的是一个范围尺寸，要依据相应的轮毂长度，选择合适的标准尺寸，通常键的长度要比轮毂长度短 5～10 mm。

（4）平键连接的配合种类和应用。

平键连接的配合种类和应用如表 B201-2 所示。

4. 键连接的画法及键槽尺寸注法

键连接即用键来连接轴和装在轴上的转动零件，起传递扭矩的作用。为了安装键，必须在轴与轮毂（简称毂）上设计并加工键槽。如图 B201-7 所示，轴上的键槽宽度 b，键

槽深度 t，键槽长度 L，轮毂上的键槽宽度 b，键槽深度 t_2，都是根据轴的直径 d 查表获取的。

表 B201-1　键的各类尺寸

轴径 d/mm	键的公称尺寸			键槽的尺寸及偏差											
				宽度尺寸及偏差						深度尺寸及偏差				半径 r/mm	
					松连接时的偏差		正常连接时的偏差		紧密连接时的偏差	轴尺寸及偏差		毂尺寸及偏差			
	b/mm	h/mm	L/mm	b/mm	轴 H9 偏差 /mm	毂 D10 偏差 /mm	轴 N9 偏差 /mm	毂 Js9 偏差 /mm	轴和毂 P9 偏差 /mm	t_1	偏差 /mm	t_2	偏差 /mm	最小	最大
6～8	2	2	6～20	2	+0.0250	+0.060 +0.020	−0.004 −0.029	±0.0125	−0.006 −0.031	1.2	+0.10	1	+0.10	0.08	0.16
>8～10	3	3	6～36	3						1.8		1.4			
>10～12	4	4	8～45	4	+0.0300	+0.078 +0.030	0 −0.030	±0.015	−0.012 −0.042	2.5		1.8			
>12～17	5	5	10～56	5						3.0		2.3		0.16	0.25
>17～22	6	6	14～70	6						3.5		2.8			
>22～30	8	7	18～90	8	+0.0360	+0.098 +0.040	0 −0.036	±0.018	−0.015 −0.051	4.0	+0.20	3.3	+0.20		
>30～38	10	8	22～110	10						5.0		3.3		0.25	0.4
>38～44	12	8	28～140	12	+0.0430	+0.120 +0.050	0 −0.043	±0.0215	−0.018 −0.061	5.0		3.3			
>44～50	14	9	36～160	14						5.5		3.8			
>50～58	16	10	45～180	16						6.0		4.3			

注：L(mm)系列包括 6、8、10、12、14、16、18、20、22、25、28、32、36、40、45、50、56、63、70、80、90、100、110、125、140、160、180。

表 B201-2　平键连接的配合种类和应用

平键连接的配合种类	尺寸 b 的公差带			应用范围
	键宽	轴槽宽	轮毂槽宽	
松连接	h8	H9	D10	主要用于导向型平键
正常连接		N9	JS9	用于传递载荷不大的场合，在一般机械制造中应用广泛
紧密连接		P9		用于传递重载荷、冲击载荷及双向传递转矩的场合

例如：轴的直径为 55 mm，查得键的尺寸为 $b=16$ mm；$h=10$ mm；$L=45\sim180$ mm，同时查取 $t_2=4.3$ mm，$t_1=6.0$ mm。轴的键槽与轮毂的键槽相加，有 $t_1+t_2=10.3$ mm，而键的高度 $h=10$ mm，则间隙 $\delta=t_1+t_2-h=0.3$ mm。这个间隙必须在键连接装配图中有所表示，如图 B201-7(b)所示，即用夸大画法强调此间隙。图 B201-7(a)所示的是未安装键时的示意图，其有助于读者理解键连接装配图的绘图过程。需要注意的是：键的安装过程并非图示过程，键必须首先安装在轴上，然后才能与轮毂连接。

轴上键槽与轮毂上键槽的尺寸标注如图 B201-8 所示。

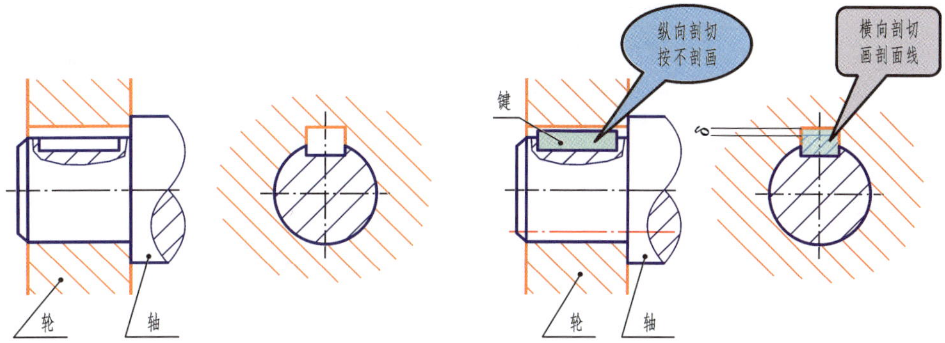

(a) 未安装键的连接　　(b) 键连接图

图 B201-7　键连接装配图

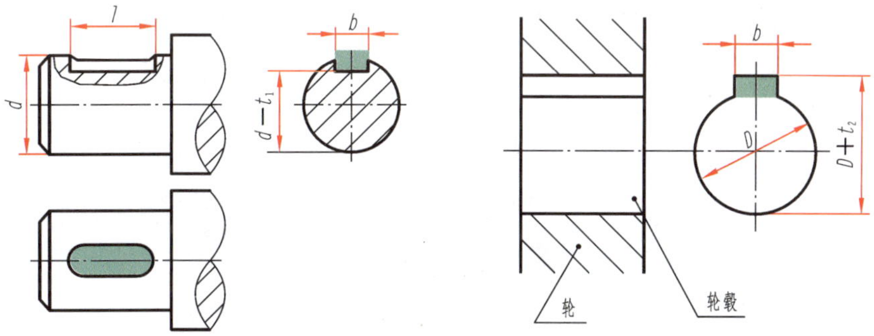

(a) 轴上键槽及其尺寸注法　　(b) 轮毂上键槽及其尺寸注法

图 B201-8　轴上键槽与轮毂上键槽的尺寸标注

键连接装配图均采用剖视表达方法，键与轴的剖切有横向与纵向之分(类似于肋板的剖切)，横向剖切按剖视画图，纵向剖切按不剖画图。键、轴、轮三者的剖面符号应不一致。

链接知识 B202 销连接

1. 销的用途

销主要用于零件之间的定位，也可用于零件之间的连接，但只能传递不大的扭矩，销的用途如图 B202-1 所示。

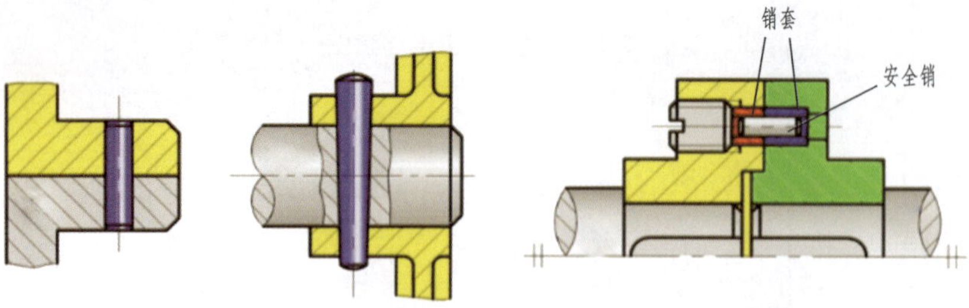

(a) 定位　　(b) 连接　　(c) 过载保护

图 B202-1　销的用途

2. 销的分类

常用的销有圆柱销、圆锥销，如图 B202-2 所示。

(1) 圆柱销：主要用于定位，也可用于连接。

(2) 圆锥销：多用于经常拆卸的场合，定位精度比圆柱销的高。

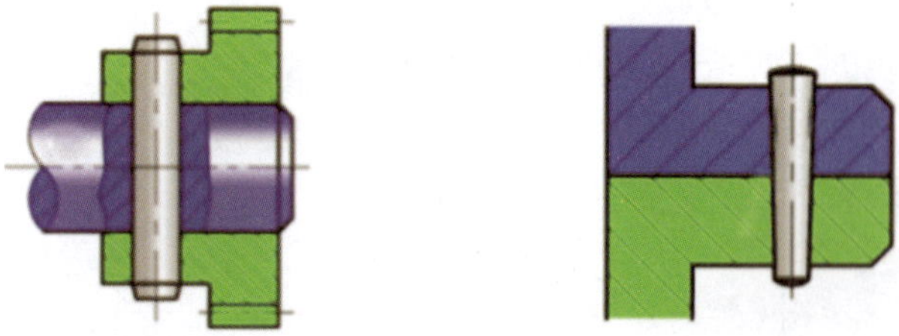

(a) 圆柱销　　(b) 圆锥销

图 B202-2　销的分类

3. 销连接的画法

销连接的画法如图 B202-3 所示，当剖切平面通过销的基本轴线时，销的剖切位置属于纵向剖切，所以在图中销作不剖处理，按不剖画图。

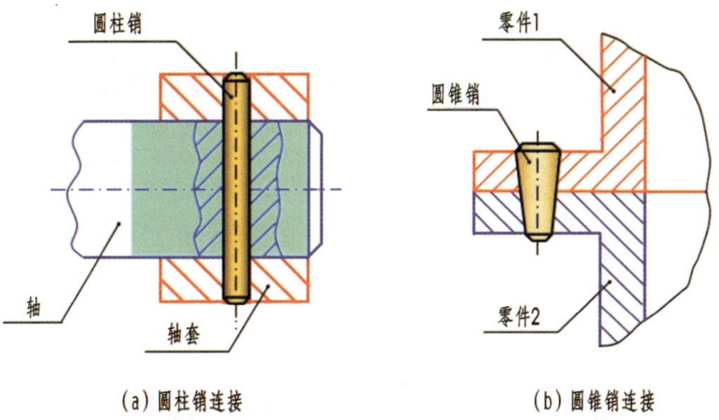

图 B202-3　销连接的画法

链接知识 B802.1 滚动轴承的结构和类型

轴承可支承转动的轴及轴上零件，以保证轴的旋转精度，并减少轴与轴座之间的摩擦和磨损，轴承可分为滚动轴承和滑动轴承，如图 B802.1-1 和图 B802.1-2 所示。

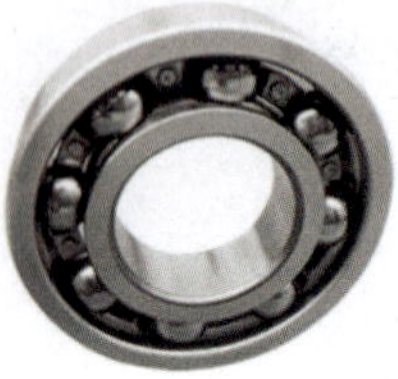

图 B802.1-1　滚动轴承

图 B802.1-2　滑动轴承

1. 滚动轴承的结构及类型

滚动轴承是现代机械应用最广泛的部件之一，为了提高它的承载能力、运转精度和互换性能等，国家已制定出滚动轴承的标准，并且由专业化生产厂家生产。所以，对机械设计者来说，主要是如何正确合理选用的问题了。

(1) 滚动轴承的结构。

滚动轴承通常由外圈、内圈、滚动体和保持架组成。一般内外圈均设有滚道，一方面可限制滚动体沿轴向移动，同时又能减小滚动体与内外圈之间的接触应力。保持架把滚动体彼此隔开，避免滚动体相互接触，以减少摩擦和磨损。工作时轴承内圈与轴颈配合，外圈与轴承座或机座配合。通常内圈与轴一起转动，外圈固定不动。但有时也可以外圈转动而内圈不动，或内外圈同时转动。滚动轴承结构如图 B802.1-3 所示。

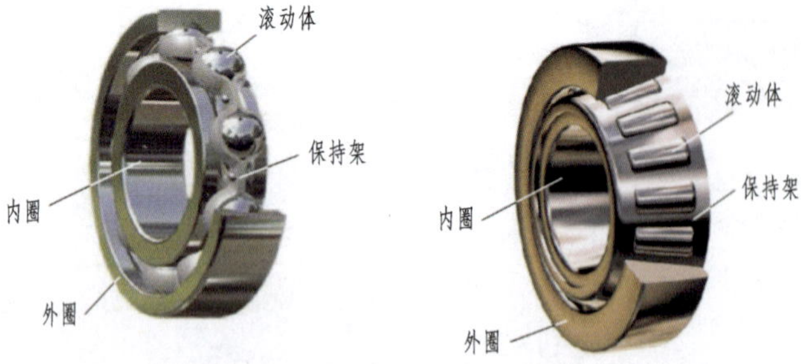

图 B802.1-3　滚动轴承结构

另外，有的滚动轴承没有外圈或内圈，有的没有保持架，但滚动轴承不能没有滚动体。滚动体有多种形状的，以满足不同类型滚动轴承的结构要求。常见的滚动体形状有球形、圆柱形、圆锥形、鼓形、滚针形等。常见滚动体如图 B802.1-4 所示。

(a) 球　(b) 圆柱滚子　(c) 圆锥滚子　(d) 球面滚子　(e) 滚针

图 B802.1-4　常见滚动体

滚动轴承的外圈、内圈、滚动体均采用强度高、耐磨性好的铬锰高碳钢制造。保持架多用低碳钢或铜合金制造，也可采用塑料及其他材料。深沟球轴承用保持架如图 B802.1-5 所示，圆锥滚子轴承用保持架如图 B802.1-6 所示。

图 B802.1-5　深沟球轴承用保持架

图 B802.1-6　圆锥滚子轴承用保持架

(2) 滚动轴承的类型。

滚动体与外圈接触处的法线与轴承径向平面（垂直于轴承轴心线的平面）之间的夹角称为公称接触角（简称接触角），用 α 表示。公称接触角是滚动轴承的一个主要参数，轴承的承载能力等与其有关。公称接触角越大，则轴承承受轴向载荷的能力就越强。

滚动轴承按其所能承受载荷的方向或公称接触角分为两类，如表 B802.1-1 所示。

(1) 向心轴承。主要用于承受径向载荷，$0° \leqslant \alpha \leqslant 45°$。向心轴承又可分为径向接触轴承（$\alpha = 0°$）和向心角接触轴承（$0° < \alpha \leqslant 45°$）。

(2) 推力轴承。主要用于承受轴向载荷，$45° < \alpha \leqslant 90°$。推力轴承又可分为轴向接触轴承（$\alpha = 90°$）和推力角接触轴承（$45° < \alpha < 90°$）。

表 B802.1-1　轴承种类

轴承种类	向心轴承		推力轴承	
	径向接触轴承	向心角接触轴承	推力角接触轴承	轴向接触轴承
公称接触角 α	$\alpha=0°$	$0°<\alpha\leqslant45°$	$45°<\alpha<90°$	$\alpha=90°$
图例(以球轴承为例)	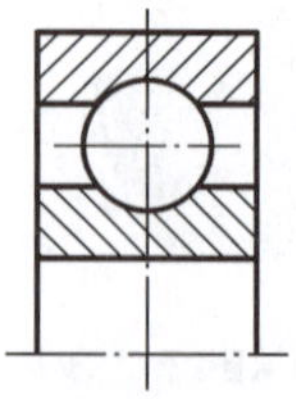	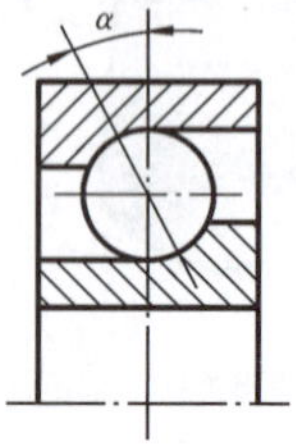	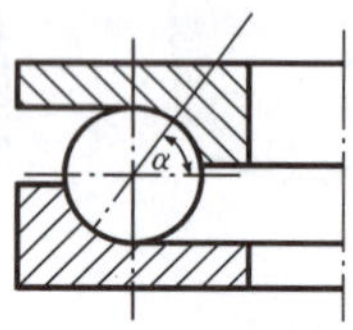	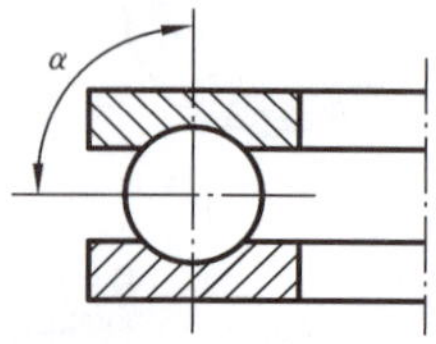

按滚动体的形状和列数，滚动轴承可分为球轴承和滚子轴承(即圆柱滚子轴承、滚针轴承、圆锥滚子轴承和球面滚子轴承)，而它们又有单列、双列等之分。常用滚子轴承的类型和特性如表 B802.1-2 所示。

表 B802.1-2　常用滚子轴承的类型和特性

轴承名称、类型及代号	简图及承载方向	极限转速	允许角偏差	性能特点
调心球轴承 1000	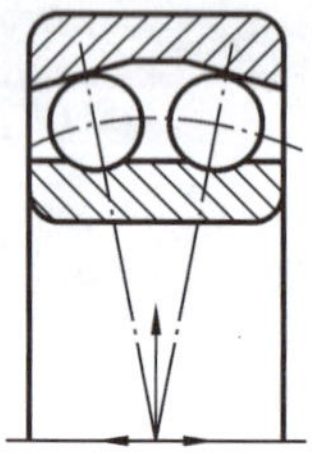	中	2°～3°	滚动体为双列球，外圈滚道是以轴承中心为中心的球面，故能自动调心，适用于多支点和弯曲刚度不足的轴及难以对中的轴。主要承受径向载荷，也可承受少量的轴向载荷
调心滚子轴承 2000	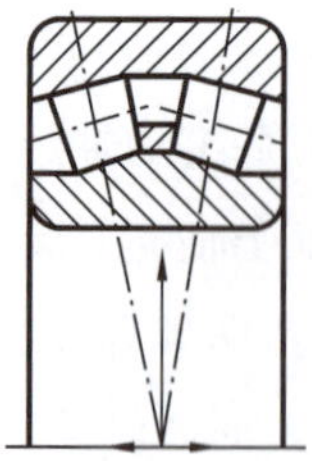	低	1°～2.5°	滚动体为双列球，外圈滚道是以轴承中心为中心的球面，故能自动调心，能承受很大的径向载荷和少量的轴向载荷，抗振动、冲击，但加工要求高，用于其他轴承不能胜任的重载且需调心的场合

续表

轴承名称、类型及代号	简图及承载方向	极限转速	允许角偏差	性能特点
圆锥滚子轴承 3000	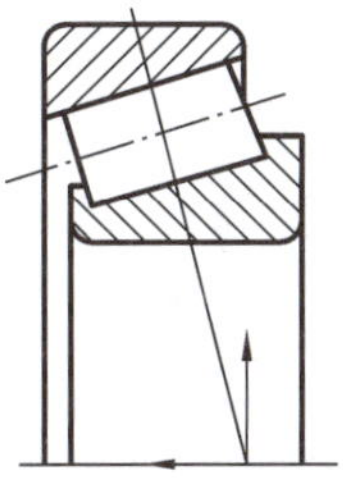	中	2′	能同时承受较大的径向载荷和轴向载荷。公称接触角 $\alpha=10^\circ\sim18^\circ$(3000 型，以承受径向载荷为主)和 $\alpha=27^\circ\sim30^\circ$(3000B 型)。外圈可分离，游隙可调，装拆方便，适用于刚性较大的轴，一般成对使用，允许角偏斜较小。在同一支点使用两个安装方向相反的圆锥滚子轴承时，可以通过预紧提高轴承刚度。价格相对较高
推力球轴承 5000	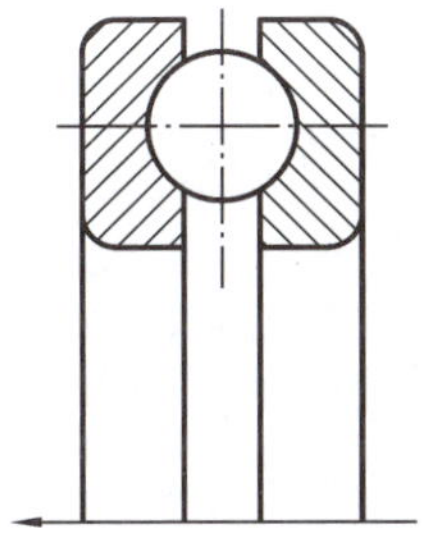 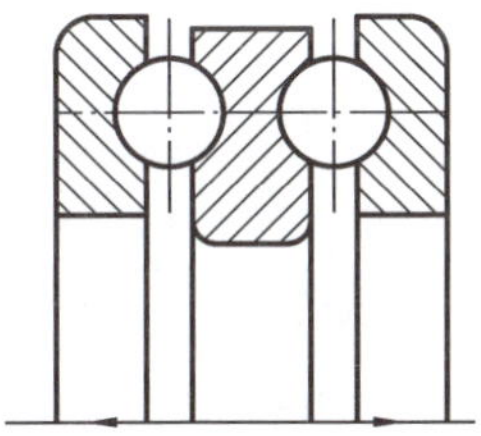	低	不允许	只能承受轴向载荷，且载荷作用线必须与轴线重合，并与轴承底面垂直。推力轴承的套圈不分内、外圈，而分轴圈与座圈(或统称垫圈)。轴圈与轴过盈配合并一起旋转，座圈的内径与轴保持一定间隙置于机座中。轴圈、座圈、滚动体是分离的。高速时，因滚动体离心力大，滚动体与保持架摩擦发热严重，寿命较低，故其用于轴向载荷大但转速不高的场合。推力球轴承高度系列代号为 1，仅承受单向轴向载荷，双向推力球轴承高度系列代号为 2，可承受双向轴向载荷
深沟球轴承 6000	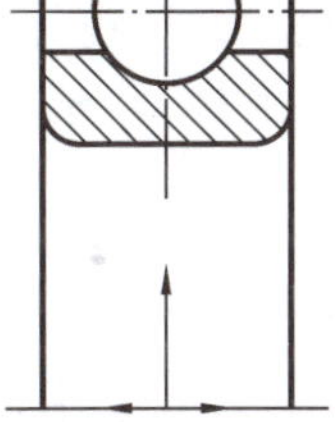	高	8′～16′	主要承受径向载荷，也可以承受一定的双向轴向载荷，摩擦系数最小，极限转速高。适用于刚性较大和转速较高的轴。在转速较高、轴向载荷不大，且不宜用推力轴承的场合下，其可用于承受纯轴向载荷。结构紧凑，重量轻，大量生产价格低，供货方便，是应用最广的一种轴承

续表

轴承名称、类型及代号	简图及承载方向	极限转速	允许角偏差	性能特点
角接触球轴承 7000	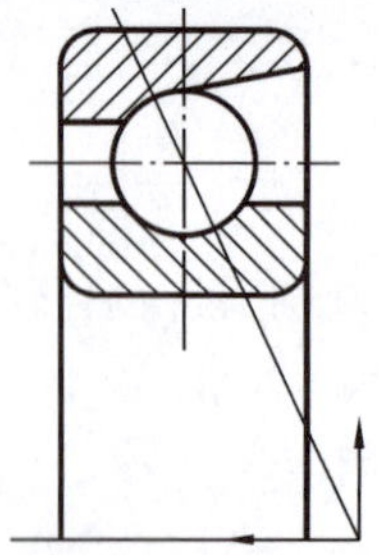	高	2′～10′	能承受径向载荷和轴向载荷,也能承受较大的单向轴向载荷。公称接触角 α 可为 15°(7000C 型)、25°(7000AC 型)和 40°(7000B 型)。α 越大,轴向承载能力也越大。极限转速高,可通过预紧提高轴承刚度。通常成对使用,可分别装在两个支点或同一支点上。因为不具有调心性能,通常用于刚性较大而跨距不大的轴
圆柱滚子轴承 N0000	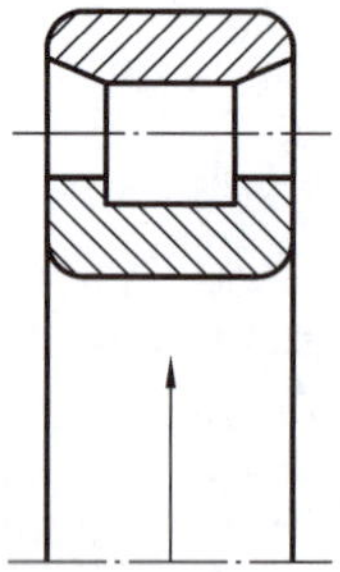	高	2′～4′	滚动体是圆柱滚子,径向承载能力是相同内径深沟球轴承的 1.5～3 倍,但不能承受轴向载荷。耐冲击,内外圈可分离,但各轴线允许的偏转角很小。当要求轴能作轴向游动时,这是一种理想的支承结构。基本结构形式为 N 型,另有内圈无挡边的 NU 型和内圈单挡边的 NJ 型
滚针轴承 NA0000	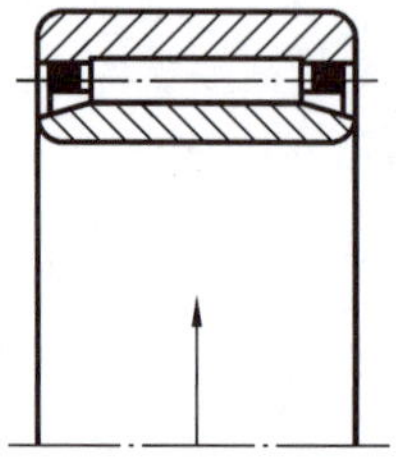	低	不允许	在内径相同的情况下,与其他轴承相比,其外径最小,因而其特别适用于径向尺寸受限制的场合,其基本型号为 NA 型,还有无内圈的 NK 型和 BK 型,以及无内外圈有保持架的 K 型。这类轴承不允许有轴线偏转角,极限转速低

注:极限转速是指同一尺寸系列 0 级公差的各类轴承在脂润滑时的极限转速与单列深沟球轴承在脂润滑时的极限转速之比。其中,高表示 90%～100%;中表示 60%～90%;低表示小于 60%。各类轴承的极限转速的具体数值可查手册。

2. 滚动轴承的选择

滚动轴承的选择是在轴承组合设计的基础上进行的。组合设计即要初步选定轴承的类型和尺寸。根据轴承的工作情况,如载荷的大小、回转速度的高低、轴承所占的空间、轴对调心性能及其他使用要求等进行选择，同时还要考虑供应情况和经济性。选择轴承类型时可参考以下几点。

（1）球轴承为点接触的，承受载荷的能力弱、抗冲击能力弱，但精度和极限转速高，摩擦系数小，适用于轻载、高速和要求精度高的装置。

（2）滚子轴承为线接触的，承受载荷的能力强、抗冲击能力强，但精度和极限转速比同类球轴承的低，多用于重载或有冲击的地方，并要求轴的刚性好。

（3）当既有径向载荷又有较大的轴向载荷时，一般应选用圆锥滚子轴承。但当轴向载荷比径向载荷大得多时，可以把深沟球轴承和推力球轴承组合起来使用。

（4）角接触球轴承和圆锥滚子轴承应成对使用，安装时使之成对称形，可装在轴的两端，也可以放在一端，而另一端用深沟球轴承或圆柱滚子轴承。有时可以把它们同向安装使用。

（5）如果轴承孔的同心度难以保证或轴的挠曲变形大、支点多，可选择调心轴承。当选定滚动轴承的类型并确定好型号后，可由滚动轴承产品样本查得其结构尺寸。

链接知识 B802.2 滚动轴承的代号

轴承代号由前置代号、基本代号和后置代号构成，如表 B802.2-1 所示。

表 B802.2-1 滚动轴承代号的构成

前置代号	基本代号					后置代号							
轴承的分部件代号	五	四	三	二	一	内部结构代号	密封与防尘结构代号	保持架及其材料代号	特殊轴承材料代号	公差等级代号	游隙代号	多轴承配置代号	其他代号
	类型代号	尺寸系列代号		内径代号									
		宽度系列代号	直径系列代号										

1. 前置代号

轴承的前置代号用字母表示，表示轴承的可分离部件。如用 L 表示可分离轴承的可分离套圈；用 K 表示轴承的滚动体与保持架组件等。

2. 基本代号

基本代号用来标明轴承的内径、直径系列、宽度系列和类型。

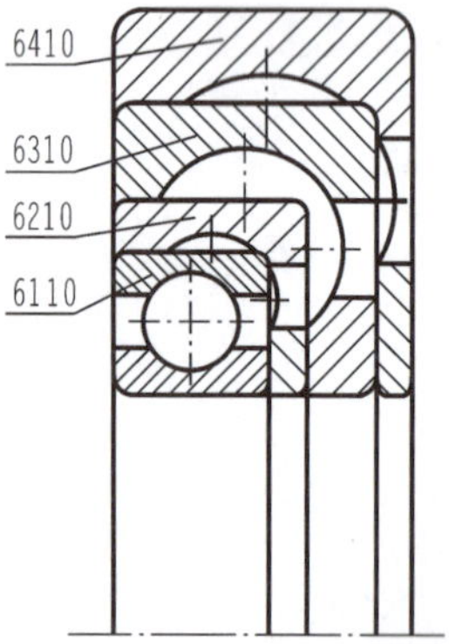

图 B802.2-1 部分直径系列的尺寸对比

第一、二位数字表示轴承的内径。对于常用内径 $d=20\sim480$ mm 的轴承，内径表示为$(04\sim96)\times5$ mm；而内径为 10 mm，12 mm，15 mm 和 17 mm，则分别用代号 00，01，02 和 03 表示。

第三位数字表示轴承的直径系列，部分直径系列的尺寸对比如图 B802.2-1 所示。

第四位数字表示轴承的宽度系列。直径系列代号和宽度系列代号统称为尺寸系列代号。常用的尺寸系列代号如表 B802.2-2 所示。

第五位数字或字母则表示轴承的类型代号，如表 B802.2-3 所示。

3. 后置代号

轴承的后置代号用字母和数字表示，排列于基本代号之后。后置代号的内容很多，下面只介绍几个常用的代号。

表 B802.2-2 常用的尺寸系列代号

代号	7	8	9	0	1	2	3	4	5	6
宽度系列	—	特窄	—	窄	正常	宽	特宽			
直径系列	超特轻	超轻		特轻		轻	中	重	—	

注：宽度系列代号为 0 时，可不标出，但对于调心滚子轴承和圆锥滚子轴承应标出。GB/T272-93 中规定，宽度系列代号为 1 和 2 时可以省略。特轻、轻、中、重，以及窄、正常、宽为旧标准中的相应名称。

表 B802.2-3 滚动轴承的类型代号（摘自 GB/T 272—2017）

类型代号	轴承类型	类型代号	轴承类型
0	双列角接触球轴承	7	角接触球轴承
1	调心球轴承	8	推力圆柱滚子轴承
2	调心滚子轴承和推力调心滚子轴承	N	圆柱滚子轴承
3	圆锥滚子轴承	U	外球面球轴承
4	双列深沟球轴承	QJ	四点接触球轴承
5	推力球轴承	C	长弧面滚子轴承（圆环轴承）
6	深沟球轴承		

（1）内部结构代号。用 C、AC 和 B 分别表示 70000 型轴承公称接触角 α 为 15°、25° 和 40°；而用 E 表示 30000 型轴承公称接触角 α 为加大的。

（2）公差等级代号。用/P2、/P4、/P5、/P6、/P6X 和/P0 表示轴承的精度等级，即分别表示 2 级、4 级、5 级、6 级、6X 级和 0 级，共 6 个级别，级别依次由高到低。公差等级中，6X 级仅适用于圆锥滚子轴承；0 级为普通级（在轴承代号中不标出），是最常用的轴承公差等级。

（3）游隙组别。用/C1、/C2、/C0、/C3、/C4、/C5 表示常用的轴承径向游隙，即分别表示 1 组、2 组、0 组、3 组、4 组、5 组，共 6 个组别，径向游隙依次由小到大。0 组游隙是常用的游隙组别，在轴承代号中可不标出。

实际应用中，标准滚动轴承的类型很多，有些轴承的代号比较复杂。以上介绍的代号是轴承代号中最基本、最常用的部分，熟悉了这部分代号就可以识别和查选常用的轴承。详细的滚动轴承代号标注方法可查阅 GB/T 272-1993。

4. 代号示例

滚动轴承代号 62203 和 7312AC/P6 的含义如下。

（1）6——深沟球轴承，22——尺寸系列，03——内径（d=17 mm）。

（2）7——角接触球轴承，(0)3——尺寸系列，12——内径（d=60 mm），AC——公称接触角 α=25°，P6——6 级公差。

链接知识 B802.3 滚动轴承润滑、密封

滚动轴承部件的组合安装，是指把滚动轴承安装到机器中去，与轴、轴承座、润滑及密封装置等组成一个有机的整体。它包括轴承的布置、固定、调整、预紧和配合等方面。另外，在使用过程中为减少摩擦，防止灰尘侵入，也要采取相应的润滑和密封措施。下面介绍滚动轴承与轴、轴承座孔之间的安装固定及润滑和密封。

1. 滚动轴承的轴向固定

一般情况下，滚动轴承的内圈装在被支承轴的轴颈上，外圈装在轴承座(或机座)孔内。安装滚动轴承时，对其内、外圈都要进行必要的轴向固定，以防运转中产生轴向窜动。

(1) 轴承内圈的轴向固定。

轴承内圈在轴上通常用轴肩或套筒定位，定位端面与轴线要保持良好的垂直度。轴承内圈的轴向固定应根据所受轴向载荷的情况，适当选用轴端挡圈、圆螺母或轴用弹性挡圈等固定形式。常用的轴承内圈的轴向固定形式见表 B802.3-1。

表 B802.3-1 轴承内圈的轴向固定

形式	图例
利用轴肩的单向固定	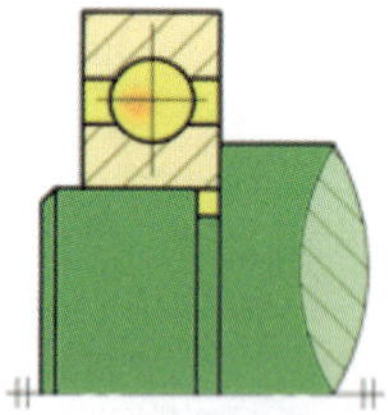
利用轴肩和弹性挡圈的双向固定	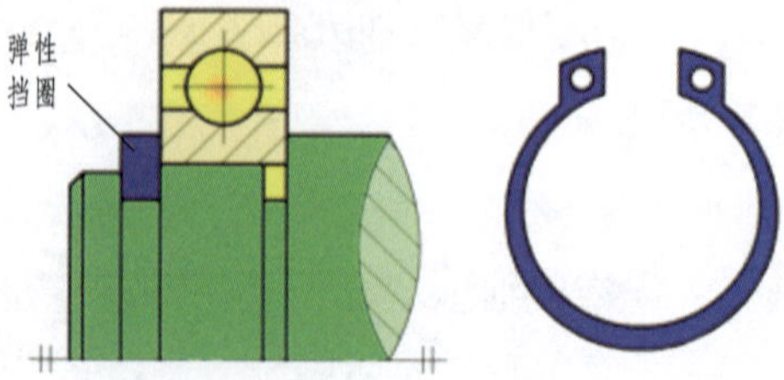

续表

形式	图例
利用轴肩和轴端挡圈的双向固定	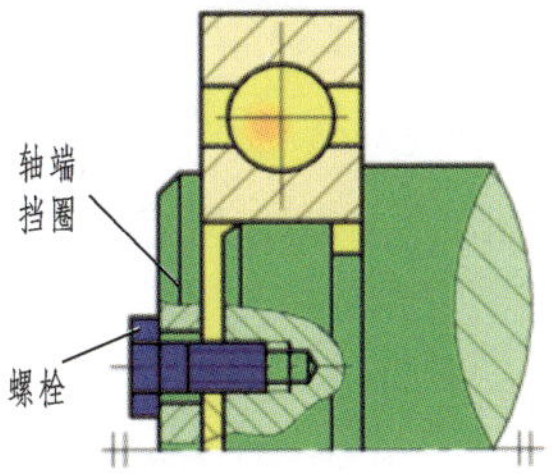
利用轴肩和圆螺母的双向固定	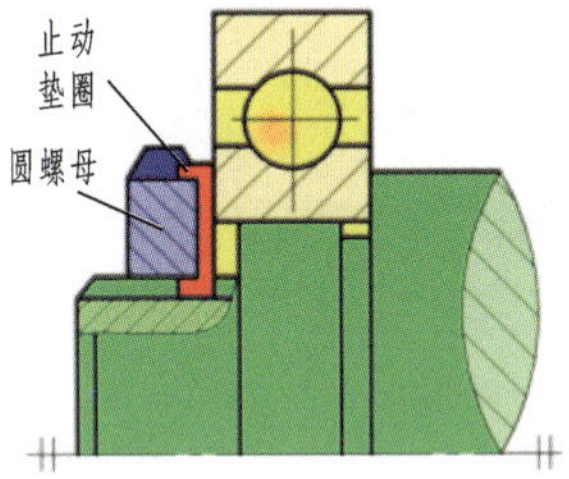

（2）轴承外圈的轴向固定。

轴承外圈在机座孔中一般用座孔的台阶定位，定位端面与轴线也需保持良好的垂直度，轴承外圈的轴向固定可采用轴承盖或孔用弹性挡圈等。常用的轴承外圈的轴向固定形式见表 B802.3-2。

表 B802.3-2 轴承外圈的轴向固定

形式	图例
利用轴承盖的单向固定	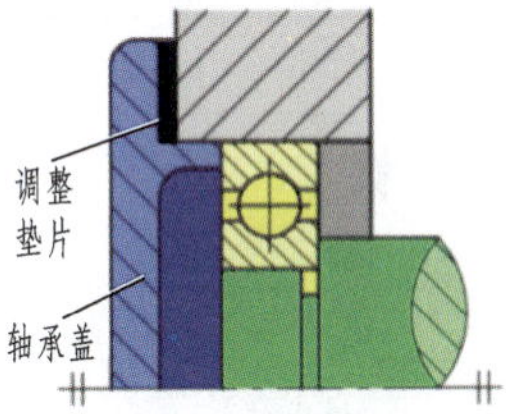
利用轴承盖和座孔台阶的双向固定	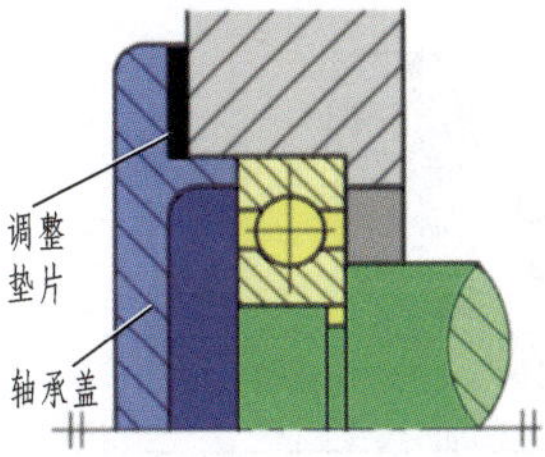

续表

形式	图例
利用弹性挡圈和座孔台阶的双向固定	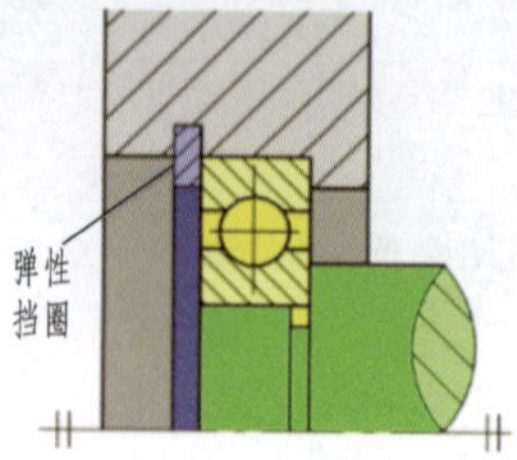

2. 滚动轴承的润滑

（1）润滑脂润滑。适用于轴颈圆周速度不大于 5 m/s 的滚动轴承润滑，润滑脂的填充量一般为轴承空间的 1/3～2/3。

（2）润滑油润滑。适用于轴颈圆周速度较大和工作温度较高的场合，有浸油润滑、滴油润滑和喷雾润滑。

（3）固体润滑。常用固体润滑剂有石墨、二硫化钼（MoS_2）等，在重载或高温下使用。

3. 滚动轴承的密封

密封的目的是防止灰尘、水分、杂质等侵入轴承内部和阻止润滑剂的流失。良好的密封可保证机器正常工作，降低噪声并延长轴承的使用寿命。常用的密封方式有接触式密封和非接触式密封两类，具体见表 B802.3-3 和表 B802.3-4。

表 B802.3-3　接触式密封

类型	图例	说明	适用场合
毛毡圈密封		矩形断面的毛毡圈被安装在梯形槽内，它对轴产生一定的压力而起到密封作用	用于润滑脂润滑。要求环境清洁，轴颈圆周速度不大于 5 m/s，工作温度不高于 90 ℃
皮碗密封	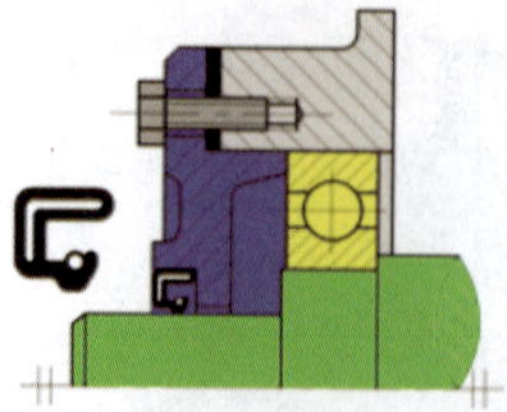	皮碗密封唇朝里，则主要防止润滑剂泄漏；皮碗密封唇朝外，则主要防止灰法、杂质侵入	用于润滑脂润滑或润滑油润滑。要求轴颈圆周速度小于 7 m/s，工作温度不高于 100 ℃

表 B802.3-4 非接触式密封

类型		图例	说明	适用场合
间隙密封		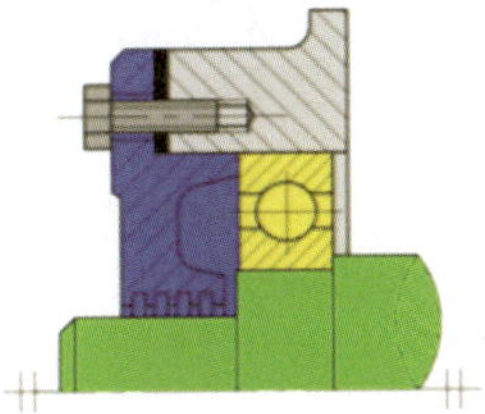	靠轴与轴承孔之间的细小间隙密封，间隙一般取 0.1～0.3 mm，油沟能增强密封效果	用于润滑脂润滑。要求环境干燥、清洁
曲路密封	径向	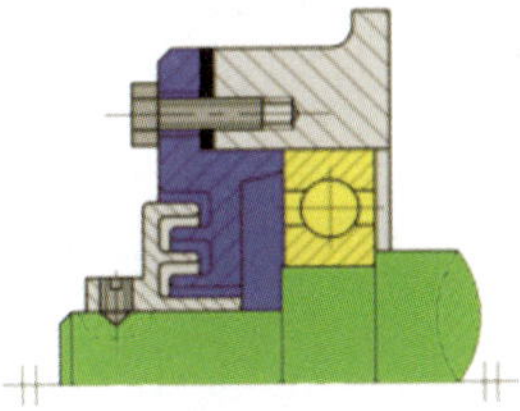	将旋转件与静止件之间的间隙做成曲路形式，在间隙中填充润滑油或润滑脂以增强密封效果	用于润滑脂润滑或润滑油润滑。要求密封效果可靠
	轴向	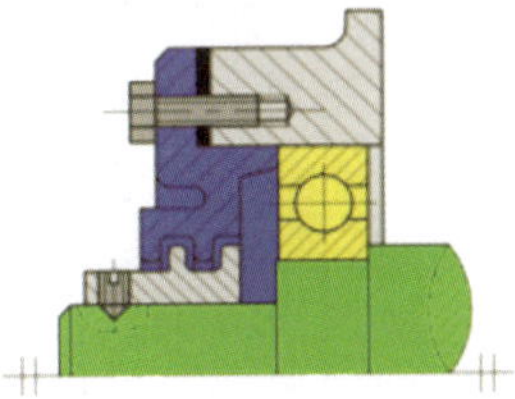		

链接知识 B802.4 滚动轴承的画法

滚动轴承可采用通用画法、特征画法及规定画法。

1. 通用画法

在剖视图中，当不需要确切地表示滚动轴承的外形轮廓、载荷特性、结构特征时，可用矩形线框及位于线框中央正立的十字形符号表示滚动轴承，十字符号不应与剖面轮廓线接触。矩形线框和十字形符号均用粗实线绘制，如图 B802.4-1 所示。

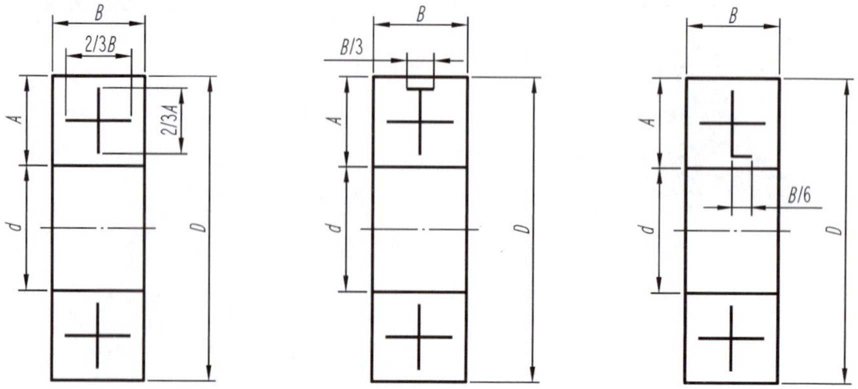

图 B802.4-1　通用画法

2. 特征画法

在剖视图中，如需较形象地表示滚动轴承的结构特征，可采用在矩形线框内画出其结构要素符号的方法表示滚动轴承，如图 B802.4-2 所示。

3. 规定画法

规定画法一般绘制在轴的一侧，另一侧按通用画法绘制。

用规定画法绘制滚动轴承的剖视图时，轴承的滚动体不画剖面线，其各套圈等可画成方向和间隔相同的剖面线，如图 B802.4-3 所示。

深沟球轴承、圆锥滚子轴承、推力球轴承的代号和尺寸可查阅表 B802.4-1。

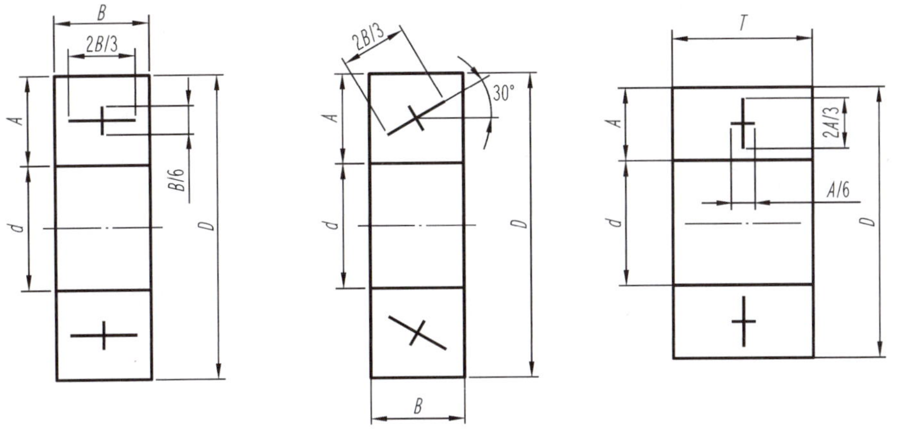

图 B802.4-2　特征画法

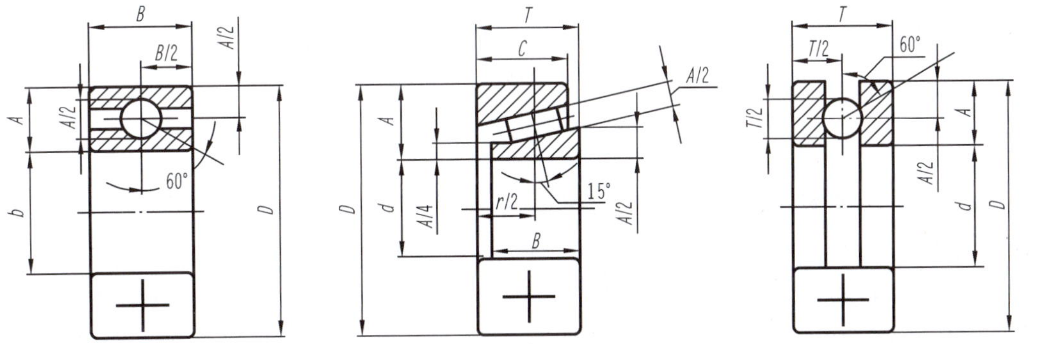

图 B802.4-3　规定画法

表 B802.4-1　滚动轴承尺寸系列

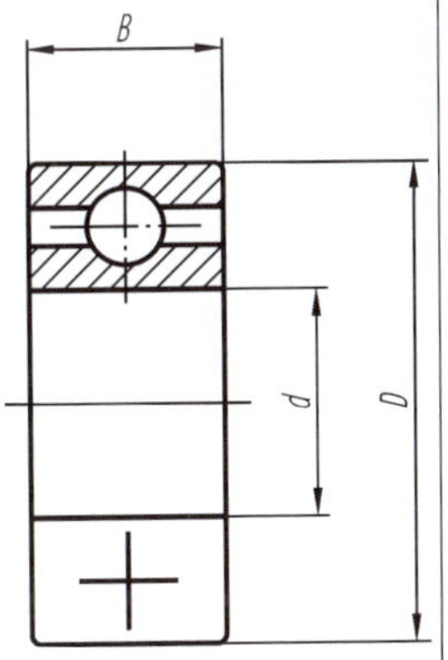 深沟球轴承	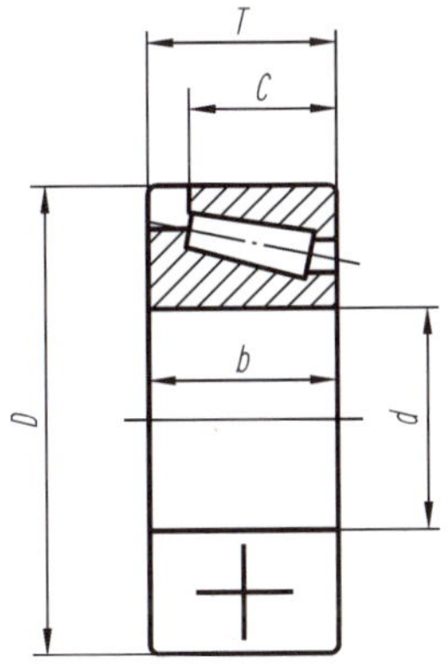 圆锥滚子轴承	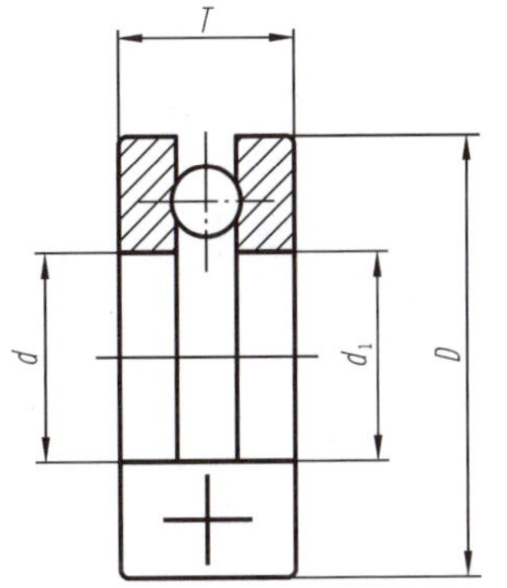 推力球轴承

标记示例（参考）： 滚动轴承 6208 GB/T 276—2013				标记示例（参考）： 滚动轴承 30209 GB/T 297—2015						标记示例（参考）： 滚动轴承 51205 GB/T 301—2015				
轴承型号	d	D	B	轴承型号	d	D	B	C	T	轴承型号	d	D	T	d_1
尺寸系列（02）				尺寸系列（02）						尺寸系列（12）				
6202	15	35	11	30203	17	40	12	11	13.25	51202	15	32	12	17
6203	17	40	12	30204	20	47	14	12	15.25	51203	17	35	12	19
6204	20	47	14	30205	25	52	151	13	16.25	51204	20	40	14	22
6205	25	52	15	30206	30	62	16	14	17.25	51205	25	47	15	27
6206	30	62	16	30207	35	72	17	15	18.25	51206	30	52	16	32
6207	35	72	17	30208	40	80	18	16	19.75	51207	35	62	18	37
6208	40	80	18	30209	45	85	19	16	20.75	51208	40	68	19	42
6209	45	85	19	30210	50	90	20	17	21.75	51209	45	73	20	47
6210	50	90	20	30211	55	100	21	18	22.75	51210	50	78	22	52
6211	55	100	21	30212	60	110	22	19	23.75	51211	55	90	25	57
6212	60	110	22	30213	65	120	23	20	24.75	51212	60	95	26	62
尺寸系列（18）				尺寸系列（03）						尺寸系列（13）				
61802	15	24	5	30302	15	42	13	11	14.25	51304	20	47	18	22
61803	17	26	5	30303	17	47	14	12	15.25	51305	25	52	18	27
61804	20	32	7	30304	20	52	15	13	16.25	51306	30	60	21	32
61805	25	37	7	30305	25	62	17	15	18.25	51307	35	68	24	37
61806	30	42	7	30306	30	72	19	16	20.75	51308	40	78	26	42
61807	35	47	7	30307	35	80	21	18	22.75	51309	45	85	28	47
61808	40	52	7	30308	40	90	23	20	25.25	51310	50	95	31	52
61809	45	58	7	30309	45	100	25	22	27.25	51311	55	105	35	57
61810	50	65	7	30310	50	110	27	23	29.25	51312	60	110	35	62
61811	55	72	9	30311	55	120	29	25	31.5	51313	65	115	36	67
61812	60	78	10	30312	60	130	31	26	33.5	51314	70	125	40	72
61813	65	85	10	30313	65	140	33	28	36.0	51315	75	135	44	77

4. 滚动轴承的装配图画法

在装配图中，滚动轴承的保持架、倒角等可省略不画。对于滚动轴承的轴及外壳等，为了保证轴承端面与挡肩接触，轴和外壳孔的最大圆角半径（R_1）应小于轴承圆角半径（R_2）。挡肩的高度不要过大，考虑安装和拆卸方便，应留有余量 Δ，如图 B802.4-4 所示。

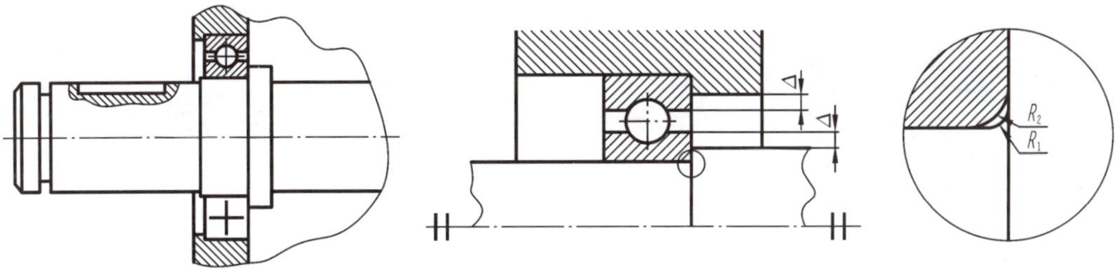

图 B802.4-4　滚动轴承的装配图画法

链接知识 B401 标准直齿圆柱齿轮的基本知识

齿轮是机械传动中应用最广的一种传动件，它不仅可以用来传递动力，而且还能用来改变轴的转速和旋转方向。

1. 渐开线标准直齿圆柱齿轮各部分名称

图 B401-1 所示的为渐开线标准直齿圆柱齿轮的示意图，其主要几何要素见表 B401-1。

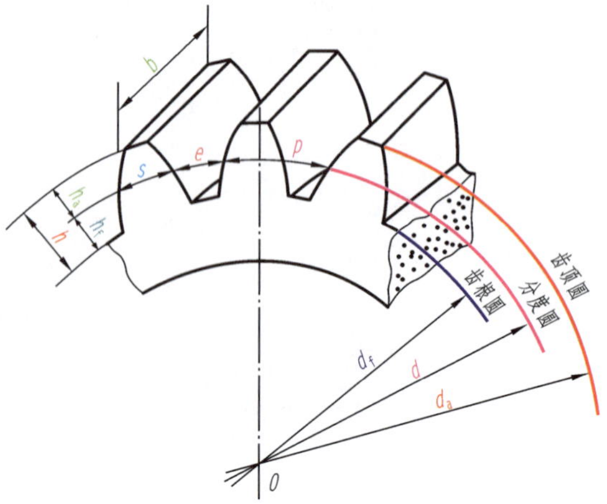

图 B401-1　渐开线标准直齿圆柱齿轮的示意图

表 B401-1　渐开线标准直齿圆柱齿轮的主要几何要素

名称	定义	代号
齿顶圆直径	通过轮齿顶部的圆周的直径	d_a
齿根圆直径	通过轮齿根部的圆周的直径	d_f
分度圆直径	齿顶圆与齿根圆之间的一个假想圆柱体的直径。对标准齿轮来说，是齿厚与槽宽相等处的一个圆的直径	d
齿厚	在端平面(垂直于齿轮轴线的平面)上，一个齿的两侧端面齿廓之间的分度圆弧长	s
齿槽宽	在端平面上，一个齿槽的两侧端面齿廓之间的分度圆弧长	e
齿距	两个相邻且同侧端面齿廓之间的分度圆弧长	p

续表

名称	定义	代号
齿宽	齿轮的有齿部位沿分度圆柱面直母线方向量取的宽度	b
齿顶高	齿顶圆与分度圆之间的径向距离	h_a
齿根高	齿根圆与分度圆之间的径向距离	h_f
齿高	齿顶圆与齿根圆之间的径向距离	h

2. 渐开线标准直齿圆柱齿轮的基本参数

(1) 压力角 α。

在齿轮传动中，齿廓上某点所受正压力的方向(即齿廓上该点法向方向)与速度方向线之间所夹的锐角称为压力角。如图 B401-2 所示，K 点的压力角为 α_K。

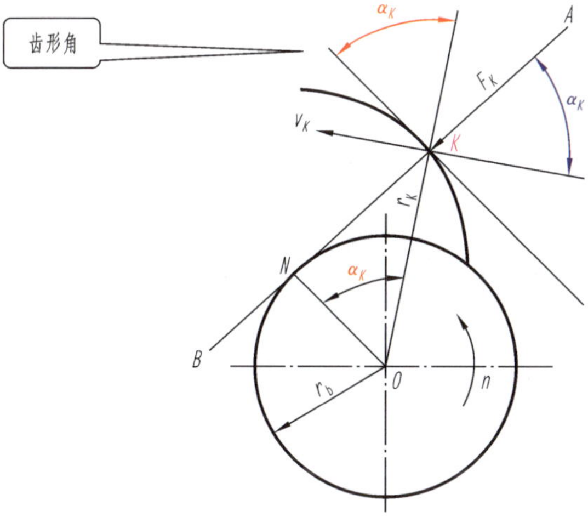

图 B401-2 齿轮轮齿的压力角

渐开线齿廓上各点的压力角是不相等的，K 点离基圆越远，压力角越大，基圆上的压力角为 0°。一般情况下所说的齿轮的压力角是指分度圆上的压力角，用 α 表示，其大小可用下式计算：

$$\cos\alpha = \frac{r_b}{r}$$

式中，α 是分度圆上的压力角；r_b 是基圆半径(mm)；r 是分度圆半径(mm)。

分度圆上压力角的大小对轮齿形状有较大影响，如图 B401-3 所示。当分度圆半径 r 不变时，分度圆上的压力角减小，则轮齿的齿顶变宽，齿根变窄，齿轮承载能力降低；分度圆上的压力角增大，则轮齿的齿顶变窄，齿根变宽，齿轮承载能力增强，但传动费力。综合考虑传动性能和承载能力，国家标准规定渐开线标准直齿圆柱齿轮分度圆上的压力角 $\alpha=20°$。

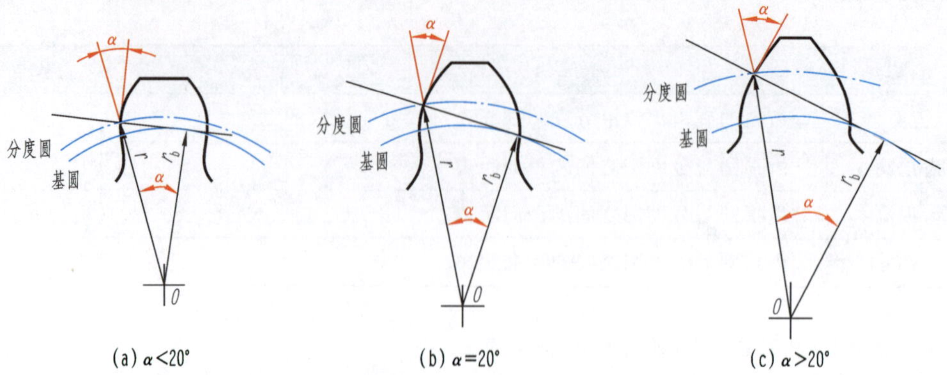

图 B401-3　分度圆上压力角的大小对轮齿形状的影响

（2）齿数 z。

齿数 z 指一个齿轮的轮齿总数。

（3）模数 m。

齿距 p 除以圆周率 π 所得的商称为模数，即 $m=p/\pi$，单位为 mm。为了便于齿轮的设计和制造，模数已经标准化，国家标准规定的标准模数系列值见表 B401-2。

表 B401-2　标准模数系列值（摘自 GB/T 1357—2008）　单位：mm

第Ⅰ系列的模数	1、1.25、1.5、2、2.5、3、4、5、6、8、10、12、16、20、25、32、40、50
第Ⅱ系列的模数	1.125、1.375、1.75、2.25、2.75、3.5、4.5、5.5、(6.5)、7、9、11、14、18、22、28、36、45

注：优先采用第Ⅰ系列的模数，应尽量避免选用第Ⅱ系列中的模数 6.5 mm。

模数是进行齿轮几何尺寸计算时的一个基本参数。对于齿数相等的齿轮，模数越大，齿轮尺寸就越大，轮齿的厚度越大，齿轮承载能力越强，如图 B401-4(a)所示。对于分度圆直径相等的齿轮，模数越大，齿数越少，轮齿的厚度越大，齿轮承载能力越强，如图 B401-4(b)所示。

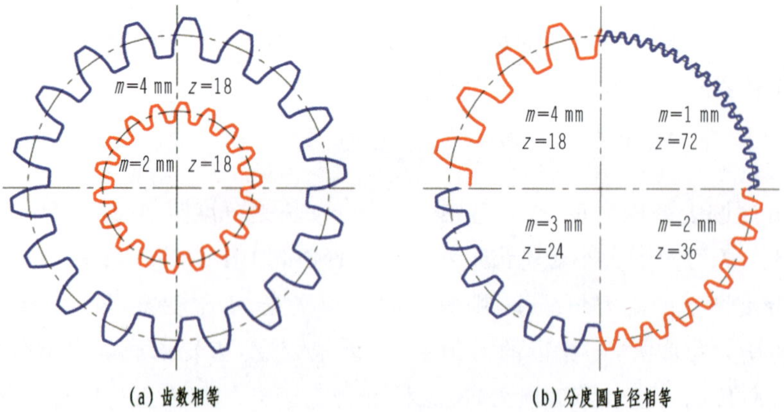

图 B401-4　模数大小和齿轮尺寸大小的比较

(4) 齿顶高系数 h_a^*。

为了使齿轮齿形匀称，一般令齿顶高和齿根高与模数成正比，对于标准齿轮，国家标准规定 $h_a = h_a^* m$，其中，h_a^* 称为齿顶高系数，标准齿轮的 h_a^* 为 1。

(5) 顶隙系数 c^*。

齿根高与模数成正比。标准齿轮的齿根高 $h_f = (h_a^* + c^*)m$，式中，c^* 称为顶隙系数。当一对齿轮啮合时，为了使一个齿轮的齿顶面不与另一个齿轮的齿槽底面相抵触，轮齿的齿根高应大于齿顶高，即应留有一定的径向间隙，称为顶隙，用 c 表示，如图 B401-5 所示，对于标准齿轮，规定 $c = c^* m$。顶隙不仅能避免传动时齿顶与齿槽底相抵触，而且可用于存储润滑油。国家标准规定标准齿轮的 $c^* = 0.25$。

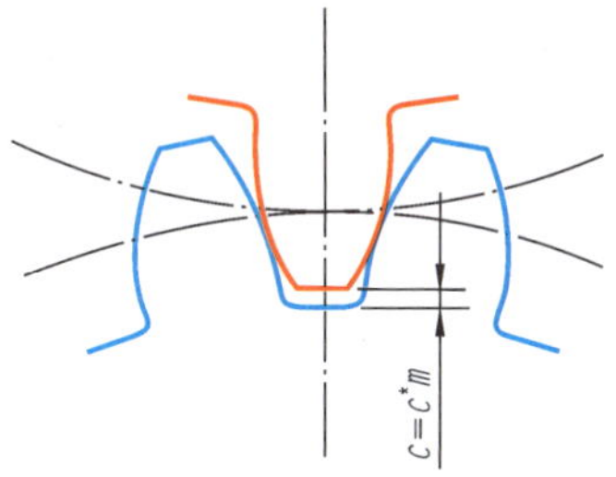

图 B401-5　一对齿轮啮合时的顶隙

3. 外啮合标准直齿圆柱齿轮的几何尺寸计算

(1) 分度圆直径公式 $d = mz$ 的推导过程。

根据图 B401-1，分度圆的周长 $\pi d = pz$，可得

$$d = \frac{p}{\pi} z$$

又因为

$$m = p/\pi$$

所以

$$d = mz$$

(2) 齿顶圆直径公式 $d_a = m(z+2)$ 的推导过程。

根据图 B401-1 可以得出

$$d_a = d + 2h_a$$

又因为

$$d = mz$$

$$h_a = m$$

所以

$$d_a=m(z+2)$$

(3) 齿根圆直径公式 $d_f=m(z-2.5)$ 的推导过程。

根据图 B401-1 可以得出

$$d_f=d-2h_f$$

又因为

$$h_f=(h_a^*+c^*)m=(1+0.25)m=1.25m$$

$$d=mz$$

即

$$d_f=m(z-2.5)$$

(4) 齿高公式 $h=2.25m$ 的推导过程。

根据图 B401-1 可以得出

$$h=h_a+h_f$$

又因为

$$h_a=h_a^*m=m$$

$$h_f=(h_a^*+c^*)m=(1+0.25)m=1.25m$$

即

$$h=2.25m$$

(5) 标准中心距公式 $a=\frac{m}{2}(z_1+z_2)$ 的推导过程。

一对标准直齿圆柱齿轮啮合,有

$$a=(d_1+d_2)/2$$

又因为

$$d_1=m_1z_1$$

$$d_2=m_2z_2$$

$$m=m_1=m_2$$

即

$$a=\frac{m}{2}(z_1+z_2)$$

标准直齿圆柱齿轮的几何计算公式见表 B401-3。

表 B401-3 标准直齿圆柱齿轮的几何计算公式

名称	代号	计算公式
模数	m	由强度计算决定,并选用标准模数
齿数	z	由传动比 $i_{12}=n_1/n_2=z_2/z_1$ 决定
分度圆直径	d	$d=mz$

续表

名称	代号	计算公式
齿顶高	h_a	$h_a = m$
齿根高	h_f	$h_f = 1.25m$
齿高	h	$h = h_a + h_f = 2.25m$
齿顶圆直径	d_a	$d_a = m(z+2)$
齿根圆直径	d_f	$d_f = m(z-2.5)$
齿距	p	$p = \pi m$
标准中心距	a	$a = (d_1 + d_2)/2 = \frac{m}{2}(z_1 + z_2)$

注：d_1、d_2 是相啮合的两个齿轮的分度圆直径；z_1、z_2 是两个齿轮的齿数；n_1、n_2 是两个齿轮的转速。

4. 渐开线直齿圆柱齿轮正确啮合的条件

两渐开线直齿圆柱齿轮正确啮合的条件如下。

（1）两齿轮的模数必须相等，即 $m_1 = m_2$。

（2）两齿轮分度圆上的压力角必须相等，即 $\alpha_1 = \alpha_2$。

链接知识 A504.1 单个直齿圆柱齿轮的测绘

1. 测绘步骤

(1) 数出齿数 z。

(2) 测出齿顶圆直径 d_a。当齿数为偶数时，可直接用游标卡尺测出，如图 A504.1-1(a)所示；当齿数为奇数时，则应先测出孔径 D 及孔壁到齿顶间的径向距离 H，然后由 $d_a=2H+D$ 算出 d_a，如图 A504.1-1(b)所示。

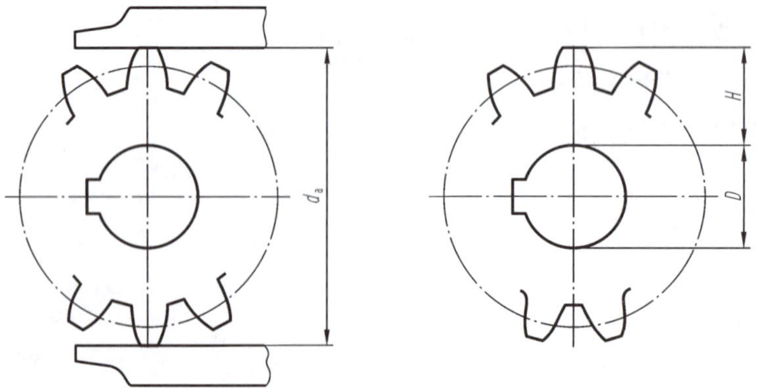

(a) 偶数齿　　(b) 奇数齿

图 A504.1-1　标准直齿圆柱齿轮测绘

(3) 计算模数 m。

模数 m 由下面公式求出：

$$m=\frac{d_a}{z+2}$$

求出模数后与表 B401-2 所示的标准模数系列值进行对照，选取相接近的标准模数系列值，即为被测齿轮的模数。

(4) 计算 d。

由式 $d=mz$ 进行计算，用相啮合齿轮两轴的中心距进行校对，应满足

$$a=(d_1+d_2)/2=m(z_1+z_2)/2$$

(5) 测量与计算齿轮的其他各部分的尺寸。

(6) 绘制标准直齿圆柱齿轮的零件图。

在齿轮零件图中，齿顶圆直径、分度圆直径及有关齿轮的基本尺寸要直接注出，其中，齿根圆直径一般由加工刀具的尺寸决定，其他各主要参数应在图纸上列表说明。图A504.1-2所示的是圆柱齿轮的零件图。

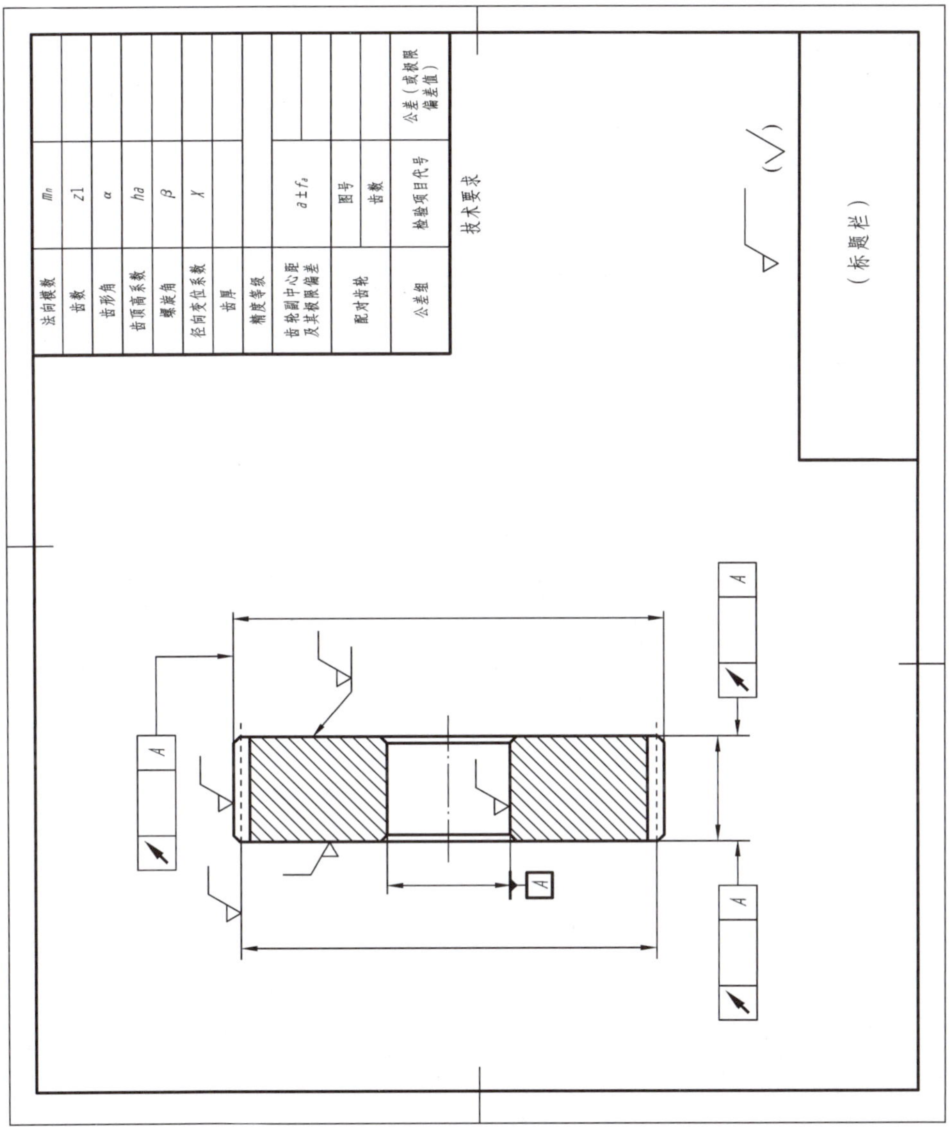

图 A504.1-2　圆柱齿轮的零件图

2. 标准直齿圆柱齿轮的画法

(1) 表达方法。

一般用两个视图来表示齿轮的结构形状，如图A504.1-3所示，其中，在齿轮轴线平行于投影面的视图中，可用两种方式来表达：外形视图或剖视图。

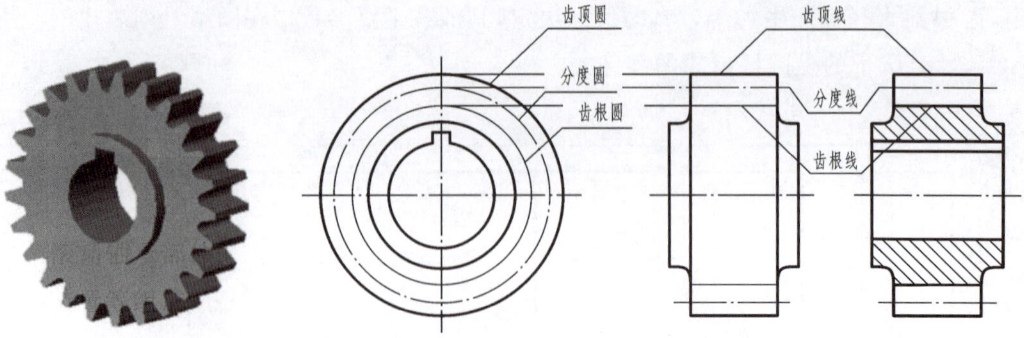

(a) 外形视图　　(b) 剖视图

图 A504.1-3　圆柱齿轮的规定画法

(2) 规定画法。

根据国家标准 GB/T 4459.2—2003 的规定，对直齿圆柱齿轮的轮齿部分采用简单画法，仅画出齿顶圆、分度圆、齿根圆，并做了线型规定，其中，齿顶圆用粗实线绘制，分度圆用点画线绘制，齿根圆在剖视图中用粗实线绘制，而在视图中用细实线绘制或省略不画。在齿轮轴线平行于投影面的剖视图中，齿轮的轮齿部分一律按不剖画图，仅用粗实线画出齿顶圆、齿根圆的轮齿区域，轮齿区域内不画剖面线，如图 A504.1-4 所示。

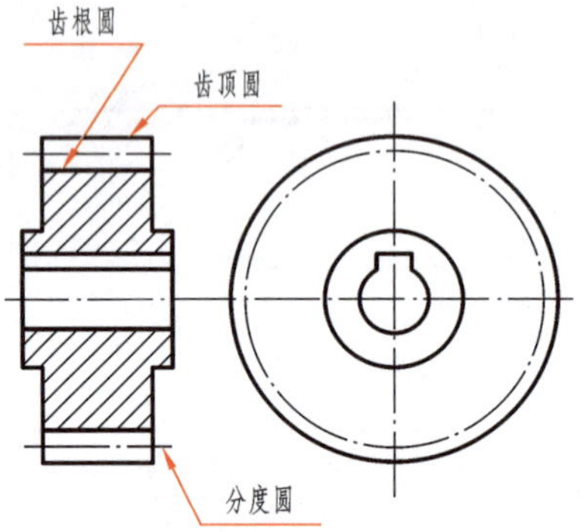

图 A504.1-4　单个圆柱齿轮的画法

链接知识 B403 齿轮传动概述

齿轮传动是机器中传递运动和动力的最主要形式之一。在金属切削机床、工程机械、冶金机械，以及汽车、机械式钟表中都涉及齿轮传动。齿轮传动是在机器中应用最广泛的传动形式，齿轮已成为许多机械设备中不可缺少的转动部件，如图 B403-1 所示。齿轮传动利用齿轮副来传递运动和(或)动力，可以传递空间任意两轴间的运动，而且传动准确可靠，效率高。

图 B403-1　齿轮减速器

1. 齿轮传动机构的组成

齿轮传动机构由主动齿轮、从动齿轮、机架组成。

2. 齿轮传动的工作原理

主、从动齿轮轮齿直接接触(啮合)，在啮合处，法向反力推动从动齿轮转动，从而传递运动和动力。

3. 齿轮传动的传动比

主动齿轮的齿数为 z_1，从动齿轮的齿数为 z_2，主动齿轮每转过一个齿，从动齿轮也转过一个齿。当主动齿轮的转速为 n_1、从动齿轮的转速为 n_2 时，单位时间内主动齿轮转过的齿数 n_1z_1 与从动齿轮转过的齿数 n_2z_2 应相等，即

$$n_1 z_1 = n_2 z_2$$

得到齿轮传动的传动比为

$$i_{12} = \frac{n_1}{n_2} = \frac{z_2}{z_1}$$

式中，n_1、n_2 为主、从动齿轮的转速(r/min)；z_1、z_2 为主、从动齿轮的齿数。上式说明：齿轮传动的传动比是主动齿轮的转速与从动齿轮的转速之比，也等于两齿轮齿数的反比。

4. 齿轮传动的应用特点

(1) 优点。

① 具有恒定的传动比，工作可靠性高，传递运动准确，这是齿轮传动被广泛应用的最主要原因之一。

② 传递功率和圆周速度范围较宽，传递功率可高达 5×10^4 kW，圆周速度可达 300 m/s。

③ 结构紧凑，可实现较大的传动比。

④ 可实现平行轴、任意角相交轴和任意角交错轴之间的传动。

⑤ 传动效率高，使用寿命长，维护简便。

(2) 缺点。

① 运转过程中有振动、冲击和噪音。

② 对齿轮的安装要求较高。

③ 不能实现无级变速。

④ 不适用于中心距较大的场合。

5. 齿轮传动的常用类型

(1) 按两轴线位置分，如图 B403-2 所示。

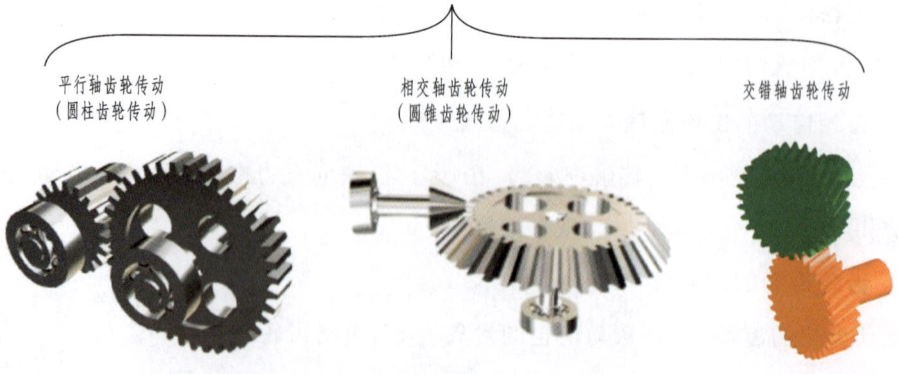

图 B403-2　按两轴线位置分类图例

(2) 按啮合方式分,如图 B403-3 所示。

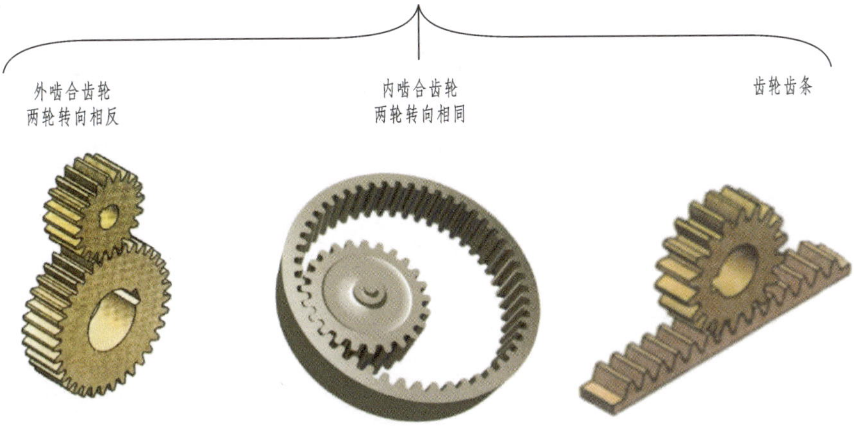

图 B403-3　按啮合方式分类图例

(3) 按轮齿形状分,如图 B403-4 所示。

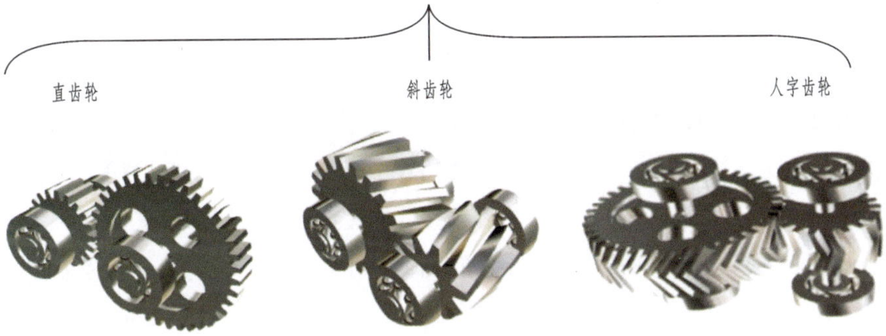

图 B403-4　按轮齿形状分类图例

(4) 按工作条件分。

① 开式传动:润滑条件差,易磨损。

② 半开式传动:装有简单的防护罩,但仍不能严密防止杂物侵入。

③ 闭式传动:齿轮等全封闭于箱体内,润滑良好,使用广泛。

(5) 按齿面硬度分。

① 软齿面:HB≤350。

② 硬齿面:HB>350。

链接知识 A504.2 两个圆柱齿轮啮合的画法

一对齿轮相互啮合的条件之一为它们的模数和分度圆上的压力角相等。啮合的两圆柱齿轮的画法如图 A504.2-1 所示。在单个圆柱齿轮画法的基础上，应注意以下几点。

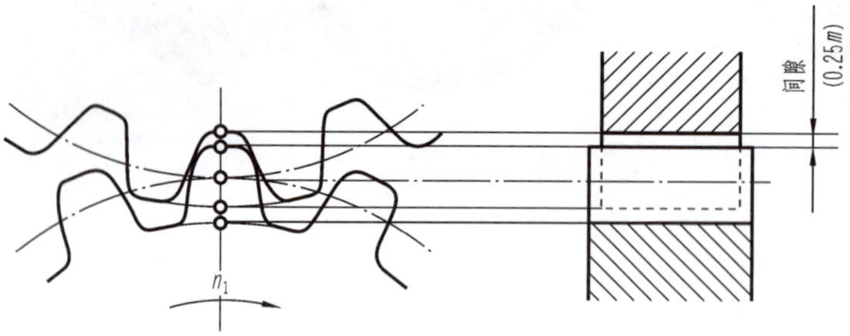

图 A504.2-1　一对啮合圆柱齿轮啮合区域的规定画法

（1）在投影为非圆的视图上，一般用剖视图表示。在两齿轮的相互啮合区，同样按不剖画图，仅画五条线，如图 A504.2-2(a)所示；中间的点画线即两相切的分度圆，因为重合仅画一条分度线；点画线两端的一粗实线、一虚线为两轮齿的齿顶圆，由于两轮齿啮合发生遮挡，一个齿轮（一般为主动轮）的齿顶线画成粗实线，另一个齿轮（一般为从

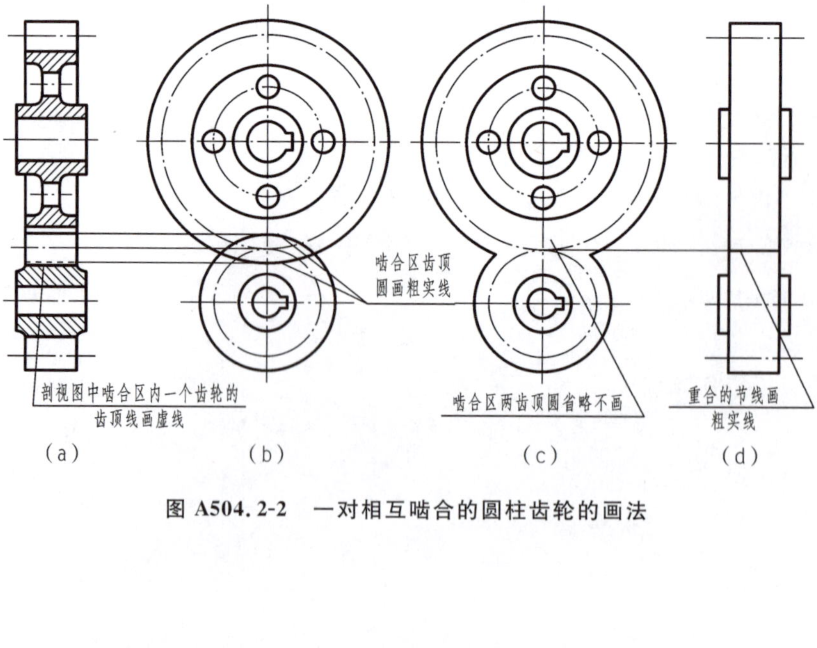

图 A504.2-2　一对相互啮合的圆柱齿轮的画法

动轮)的齿顶线画成虚线;最外端的两条粗实线为两轮齿的齿根圆(均可见)。

(2) 由于齿根高和齿顶高相差 0.25m(m 为齿轮的模数),一齿轮的齿顶线与另一齿轮的齿根线之间有 0.25m 的间隙,即两者不能重合,如图 A504.2-1 所示。

(3) 在投影为圆的视图中,两齿轮的节圆相切。啮合区内的齿顶圆均画粗实线,也可省略不画,如图 A504.2-2(b)和图 A504.2-2(c)所示。

(4) 图 A504.2-2(d)所示的为外形视图中两轮齿啮合区域的简单画法,仅画相切处的节线(分度圆),用粗实线绘制。

链接知识 K101 中望 3D 软件基本界面

1. 软件启动

正常安装完中望 3D 后，可使用两种方法启动运行。

（1）在 Windows 桌面双击“中望 3D”图标，进入软件。

（2）选择 Windows 桌面的“开始”→“程序”→“中望 3D”，进入软件。

2. 创建模式

（1）启动中望 3D，屏幕上将出现最初的中望 3D 新建界面，如图 K101-1 所示。

图 K101-1　软件界面

（2）选择“零件/装配”，设置名称“零件 001”，弹出如图 K101-2 所示的对话框，单击确认。

3. 软件界面

中望 3D 的用户界面如图 K101-3 所示。各种应用功能通过菜单栏和 Ribbon 栏驱动。系统提示和消息显示在状态栏；数据管理器用于控制零件、工程图或加工方案等方面的内容。工具栏主要放置一些与绘图操作相关的常用命令按钮。Ribbon 栏中每一个按钮都对应一个菜单命令，单击按钮和单击菜单栏命令是完全一样的。

图 K101-2　创建新文件

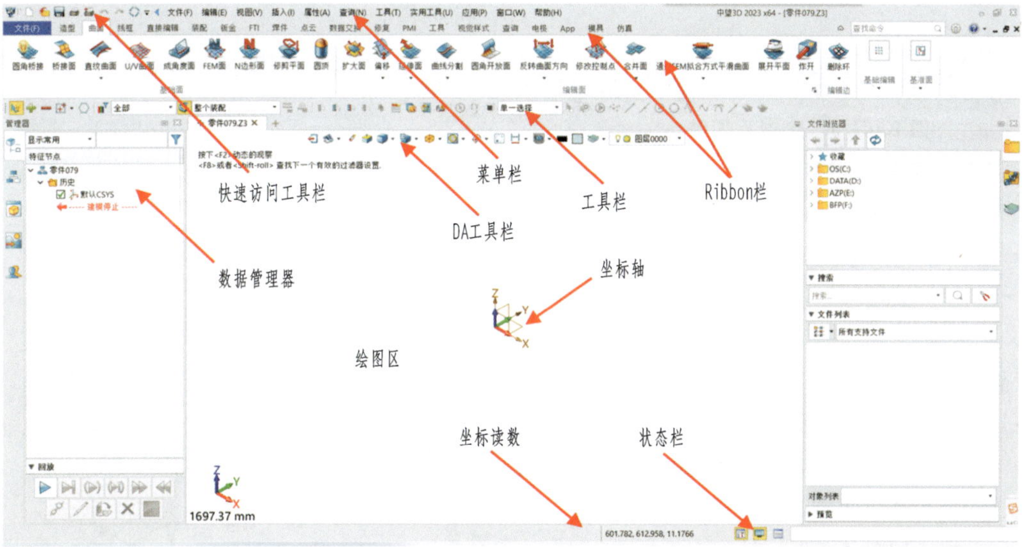

图 K101-3　用户界面

下面我们将逐一介绍操作界面的组成部分。

（1）快速访问工具栏。

快速访问工具栏显示软件的“新建”、“打开”、“保存”、“打印”、“撤销”、“重做”、“自动生成当前对象”等功能按钮，如图 K101-4 所示。

图 K101-4 快速访问工具栏

(2) Ribbon 栏。

Ribbon 栏包含“文件”、“造型”、“曲面”、“线框”、“直接编辑”、“装配”、“钣金”、“PMI”、“查询”、“模具”等选项卡，如图 K101-5 所示。

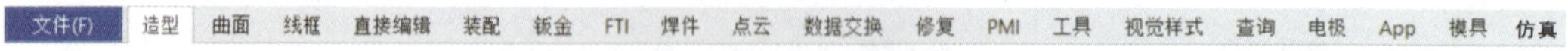

图 K101-5 Ribbon 栏

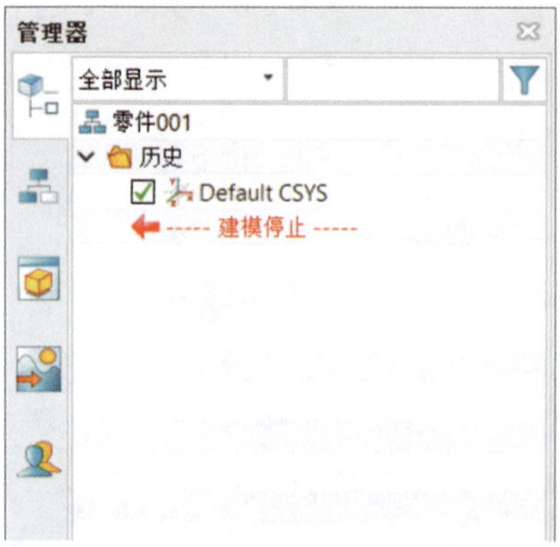

图 K101-6 数据管理器

(3) 数据管理器。

显示“刀路”、“实体”、“平面”、“草图”、“约束”等多个功能选项卡，如图 K101-6 所示。

(4) 绘图区。

显示各种功能操作的结果，同时，绘图区和管理操作器为用户提供数据交互功能。

(5) 状态栏。

指导用户进行操作并提示当前状态和所处位置，如图 K101-7 所示。

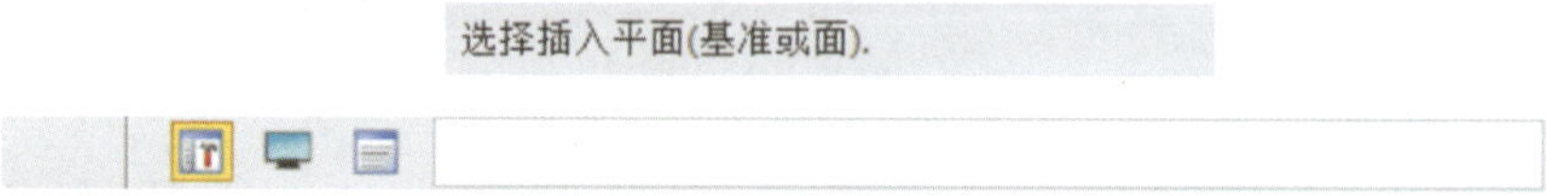

图 K101-7 状态栏

(6) 屏幕视角坐标轴。

其是“新建平面”快捷按钮，单击左下角的屏幕视角坐标轴可以选择新建平面和选择视角，如图 K101-8 所示。

图 K101-8 坐标轴

(7) 功能对话框。

功能对话框描述了该项命令执行的各种情况和使用条件。用户根据当前的作图要求，正确地选择某一选项，即可得到准确的响应。图 K101-9 中显示的是绘制六面体功能对话框。

(8) 快捷菜单。

光标处于不同的位置，按鼠标右键会弹出不同的快捷菜单。熟练使用快捷菜单，可以提高绘图速度，常用快捷菜单操作说明见表 K101-1。

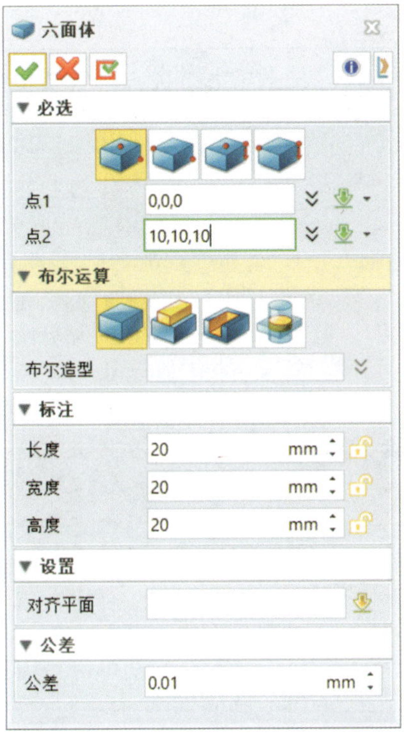

图 K101-9　绘制六面体功能对话框

表 K101-1　常用快捷菜单操作说明

操作说明	快捷菜单
光标处于不同的位置，按鼠标右键会弹出不同的快捷菜单。熟练使用快捷菜单，可以提高绘图速度。将光标移到绘图区中右击，弹出的快捷菜单如右图所示	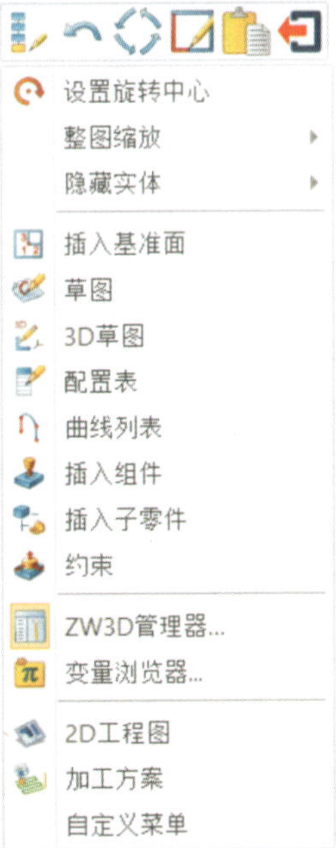

续表

操作说明	快捷菜单
在零件模式下将光标移到管理器选项对的历史选项卡上，右击，弹出的快捷菜单如右图所示	

链接知识 K103 自定义操作

颜色、图层及快捷键设置方法见表 K103-1。

表 K103-1　设置方法

项目	设置方法	操作简图
设置系统当前颜色	（1）选择菜单栏中的“实用工具”→“配置”→“颜色”，弹出如右图所示的对话框。 （2）可以设置线、面、文字等的相应颜色，最后单击确认按钮。	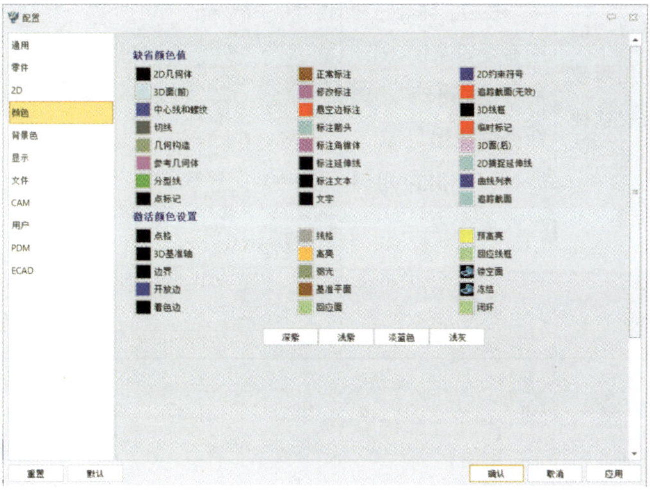
修改（查询）图层名、图层状态、图层可见性及创建新图层	（1）单击“DA 工具栏”中的“图层管理器”图标，弹出“图层管理器”功能对话框，如右图所示。 （2）选定某个图层，双击“名称”、“打开”、“冻结”其中一项，可以进行修改。 （3）可以新建图层、删除指定图层或将指定图层设置为当前图层。	

续表

项目	设置方法	操作简图
修改功能命令的快捷按键方式(可以根据自己的使用习惯设置快捷键)	(1) 在 Ribbon 栏空白处单击右键→“自定义”→“热键”,如右图所示。 (2) 例:选定“编辑”中的“移动”功能命令,按住 Ctrl+M 设置“移动”功能命令快捷键。 (3) 单击应用即更改成功。	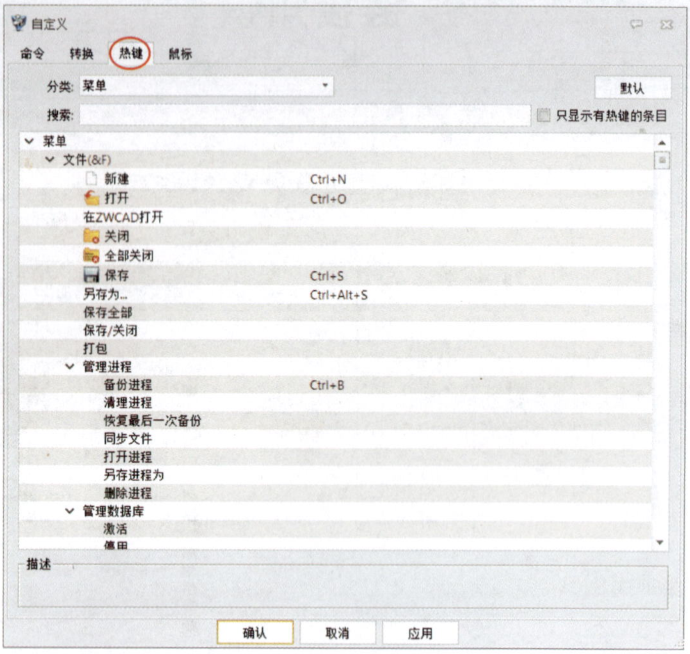

链接知识 K301 草图绘图

1. 草图选项卡界面

草图选项卡界面如图 K301-1 所示。

图 K301-1　草图选项卡界面

2. 草图选项卡中的命令

各命令的介绍见表 K301-1。

表 K301-1　草图选项卡命令

序号	图标	名称	功能	操作要点
1		绘图	使用此功能可以创建线、圆弧或曲线。	单击“绘图”功能命令，然后在选择的位置绘制线。 只要绘图保持活动状态，就可以更改其位置。单击“重新选择”，然后单击图形窗口中的新位置。 单击确定，完成操作。
2		直线	使用此功能可以创建直线。该方法通过选择第一点和第二点在两点间创建一条直线。和下述其他方法不同，此方法可创建相切、平行、垂直和成角度的直线。	单击“直线”功能命令，更改类型、方式、尺寸中的长度和角度。 单击确定，完成操作。
3		多段线	使用此函数可以创建直线。	单击“直线”功能命令，选择一条现有直线，然后单击图形窗口。 单击确定，完成操作。

续表

序号	图标	名称	功能	操作要点
4	 双线	双线	使用此函数可以创建相互平行的两条线。	单击“双线”功能命令，通过选择现有直线、圆弧或样条曲线上的第一个端点，然后将其滑动到所需的位置来创建直线。也可以创建一条既垂直于直线又与圆弧相切的直线。 单击确定，完成操作。
5	 圆	圆	使用此函数可以从中心点创建完整的圆。	单击“已知点画圆”功能命令，在图形窗口中单击以设置中心点，然后再次单击以设置边点，或在“半径”或“直径”字段中输入值。也可以创建与其他实体相切的圆。 单击确定，完成操作。
6	 圆弧	圆弧	在草图和工程图级使用该命令，以多种方法创建圆弧。可以创建全圆弧、半径圆弧、中心圆弧和角圆弧。	使用该法通过定义起点、终点与圆弧穿过的第三点来创建一个圆弧。可拖动通过点，创建顺时针（CW）或逆时针（CCW）方向的圆弧。 单击确定，完成操作。
7	 矩形	矩形	使用此命令创建不同类型的 2D 矩形。支持中心、角点、中心-角度和角点-角度法。	单击“矩形”功能命令，在图形窗口中单击以设置基点以锚定几何图形，向外拖动，然后单击以设置第二个角点。也可以通过在对话框中输入坐标来定位矩形。 可以选择中心角点、角点角点、中心角度角点、角点角度角点四种方式。 单击确定，完成操作。
8	 正多边形	正多边形	使用此命令在草图或工程图上创建 2D 正多边形。正多边形可以通过内接或外接半径，或指定变长来创建。可指定变数。	单击“正多边形”在图形窗口中单击以设置基点以确定中心，向外拖动确定半径，也可以设置外接内接，指定变数，也可输入多边形旋转角度。

续表

序号	图标	名称	功能	操作要点
9	 椭圆	椭圆	使用此命令，通过定义点来创建不同类型的椭圆。支持中心、角点、中心-角度和角点-角度法。	单击“椭圆”功能命令，在图形窗口中单击以设置基点以锚定几何图形，向外拖动，然后单击以设置第二个角点。也可以通过在对话框中输入坐标来定位椭圆。 可以选择中心长轴短轴、长轴短轴、中心角度长轴短轴、长轴角度短轴四种方式。 单击确定，完成操作。
10	 预制文字	预制文字	使用此功能可以创建由直线、圆弧和 NURBS 样条曲线组成的字母、数字、字符。可以通过键入字母或从兼容文件加载字母来输入字母。	单击“预制文字”功能命令，在文字框中输入文字，然后在“绘图区”中确定坐标或直接输入坐标。 可以选择文字的字体、样式、大小、间距。 单击确定，完成操作。
11	 绘点	绘点	使用此功能可以创建点或切割点等。	单击“绘点”功能命令，然后在选择的位置绘制一个点。 只要点保持活动状态，就可以更改其位置。单击“重新选择”，然后单击图形窗口中的新位置。 单击确定，完成操作。
12	 桥接	桥接	使用此功能可以在两条边界曲线间放置一条桥接曲线。	单击“桥接”功能命令，选择两条边界曲线，然后在“绘图区”中确定坐标或直接输入坐标，并设置约束状态。 单击确定，完成操作。
13	 偏移	偏移	可以在零件级（3D 偏移）或草图和工程图级（2D 偏移）下使用此命令，通过偏移曲线、曲线链或边缘，来创建另一条曲线。	单击“偏移”选择需偏移的对象，输入偏移距离。可以选择偏移方或在两个方向进行偏移。 单击确定，完成操作。

续表

序号	图标	名称	功能	操作要点
14	 圆角	圆角	使用此功能可以在两个曲线间放置圆角。	单击“圆角”功能命令，然后选择曲线 1 和曲线 2，输入圆角半径。可以选择设置修剪，延伸状态。 单击确定，完成操作。
15	 链状圆角	链状圆角	可在零件级、草图和工程图级下使用此命令为曲线链创建具有相等圆角距离的圆角。	曲线链中各相邻曲线之间将具有一个倒角。首先选择要进行倒角的曲线链，然后指定倒角距离。 单击确定，完成操作。
16	 倒角	倒角	使用此功能可以在两条边界曲线间放置一个倒角。	选择要倒角的两条曲线 1 和曲线 2，然后指定沿第一条曲线的倒角距离和角度。 单击确定，完成操作。
17	 链状倒角	链状倒角	可在零件级、草图和工程图级下使用此命令为曲线链创建具有相等倒角距离的倒角。	曲线链中各相邻曲线之间将具有一个倒角。首先选择要进行倒角的曲线链，然后指定倒角距离。 单击确定，完成操作。
18	 划线裁剪	划线裁剪	使用此功能可以按住鼠标中键裁剪掉不需要的部分。	单击“划线裁剪”功能命令，按住鼠标中键，选择所需要修剪的部分，滑动鼠标进行修剪。 单击确定，完成操作。
19	 修剪到草图	修剪到草图	此功能是使用最广泛的草图编辑工具。	单击“修剪到草图”功能命令，直接单击所需修剪的线段，单击线段。 单击确定，完成操作。
20	 修剪/延伸	修剪/延伸	使用此命令可在任何指定点延伸草图至某一点。	单击“修剪/延伸”功能命令，选择需要延伸的曲线或直线后，在图形窗口中选择一个点。 单击确定，完成操作。

续表

序号	图标	名称	功能	操作要点
21		连接	使用该命令，可通过并接（即连接）一系列现有曲线来创建一条曲线。现有曲线必须端对端地对接。	单击“连接”功能命令，单击要连接的线的线段，可按实际可能性将多条载入曲线合并成一条原型曲线（线条、圆弧或圆）。 可指定连接方式、曲率。 单击确定，完成操作。
22		参考	使用该命令可将零件或组件中的曲线、面、点或基准面投影到草图平面。	可通过投影三维曲线（直线、弧、曲线或边），在草图平面创建几何构造曲线。
23		阵列	使用此命令，可对草图/工程图中的实体进行阵列，包括线性阵列、圆形阵列和沿曲线阵列。	选择要阵列的实体。在草图环境中不能选择标注与约束进行阵列，但是阵列时会自动将所选几何对象内部的标注和约束（非固定约束）进行阵列。在工程图环境中不能选择标注、表格和视图进行阵列。 线性阵列时，需指定阵列方向。可选择两个非平行的方向进行阵列。 圆形阵列时，需指定圆形的中心点。 沿曲线阵列时，需指定阵列的参考曲线。 可以通过三种方式定义阵列的数量和间距，分别是数量和间距、数量和区间、间距和区间。对线性阵列而言，第一种方式是直接输入沿该方向阵列的数量和每个实体间的间距；第二种方式是指定阵列的最大距离区间及阵列的数量，自动计算出合适的间距值；第三种方式是指定阵列的最大距离区间及间距，自动计算出能够阵列的数量。对圆形阵列而言，间距指实体间的角度间距；区间指阵列的角度区间。 输入阵列的数目。 输入实体间的距离或角度。 输入阵列的最大距离或角度区间。 单击确定，完成操作。

续表

序号	图标	名称	功能	操作要点
24	 移动  复制	移动/复制	使用上述命令，将草图/工程图实体从一个位置移动或复制到另一个位置。也可以通过“可选输入”指定方向、旋转角度和缩放比例。	单击“移动/复制”功能命令，选择需要移动或复制的曲线，选择起始点，输入目标点、方向、移动距离、复制个数、距离。 单击确定，完成操作。
25	 旋转	旋转	使用此命令可使草图/工程图实体围绕一个参照点旋转。	单击“旋转”选择需要旋转的实体，输入旋转的基点，指定旋转（逆时针测定）或选择一个起点和终点。
26	 镜像	镜像	使用此命令可镜像草图或工程图实体。	单击“镜像”功能命令，选择需要镜像的实体或草图，然后选择镜像线，可以选择 X 轴或 Y 轴，也可以右击进行选择。 单击确定，完成操作。
27	 缩放	缩放	使用此命令可放大或缩小草图/工程图实体的尺寸。缩放比例的具体应用与参照点有关。	单击“缩放”选择缩放类型，采用单一缩放比例或采用两点决定缩放比例，选择需要缩放的实体。

链接知识 K302 草图约束

1. 草图约束选项卡打开界面

草图约束选项卡打开界面如图 K302-1 所示。

图 K302-1　草图约束选项卡打开界面

2. 草图约束选项卡中的命令

草图约束选项卡中的各个命令的介绍见表 K302-1。

表 K302-1　草图约束选项卡中的命令

序号	图标	名称	功能	操作要点
1		添加约束	该命令根据所选实体，提供可用的约束。	单击“添加约束”功能命令，选择需要约束的几何体（包含外部几何体）然后选择需要创建的约束。 中键确定，完成操作。
2		固定	在点或实体上创建固定约束，使该点或实体固定于当前的位置。该点或实体将保持固定状态，直到约束被删除为止。	如果需要固定的目标是直线或曲线，该实体将不能旋转或沿法线方向移动。 如果需要固定的目标是圆，该实体将被完全固定，既不能移动也不能旋转或缩放。 当固定一个点时，指定约束坐标，默认情况下，*X* 轴、*Y* 轴坐标均受约束。

续表

序号	图标	名称	功能	操作要点
3	 点水平	点水平	使用此命令将点约束在两个选定点之间的中点处。两点中任意一点发生移动，受约束点将仍保持在两点之间的中点处，直到约束被删除为止。	单击“点水平”，选择约束 Y 值的基点，然后选择需要约束的点。
4	 点垂直	点垂直	在点上创建点垂直约束，使该点相对基点的 X 值保持垂直。受约束点将在 X 值上保持垂直，直到约束被删除为止。	单击“点垂直”，选择约束 X 值的基点，然后选择需要约束的点。
5	 中点	中点	使用此命令将点约束在两个选定点之间的中点处。两点中任意一点发生移动，受约束点将仍保持在两点之间的中点处，直到约束被删除为止。	单击“中点”选择第一个点，再选择第二个点，最后选择需要约束的点，受约束点将被约束在两点之间中点处。 可以选择性输入指定要约束的点坐标，默认情况下，X、Y 坐标均受约束。
6	 点到直线/曲线	点到直线/曲线	在点上创建点在直线或曲线上的约束。	单击“点到直线/曲线”，选择用于约束的基点直线或曲线，然后选择需要约束的点。
7	 点在交点上	点在交点上	在点上创建点在交点上的约束，使其保持在两条基准曲线的相交处。基准曲线可以是弧、圆或曲线。	单击“点在交点上”，选择两个相交的基准曲线，然后选择需要约束的点。
8	 点重合	点重合	使用此约束将多个点重合。包含重合点的任一实体发生移动后，受约束点仍将保持重合，直到约束被删除为止。	单击“点重合”选择一个基点，然后选择需要重合的一个或多个点。
9	 水平	水平	在直线上创建水平约束，使其保持水平。受约束直线将保持水平，直到约束被删除为止。选择需要约束的直线。	单击“水平”选择一个基点，然后选择需要水平的直线。

续表

序号	图标	名称	功能	操作要点
10	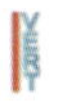 竖直	竖直	在直线上创建竖直约束，使其保持竖直。受约束直线将保持竖直，直到约束被删除为止。选择需要约束的直线。	单击“竖直”选择一个基点，然后选择需要竖直的直线。
11	 对称	对称	在点上创建一个对称约束，使其相对一条基准直线对称。	单击“对称”选择一条基线，也可以选择 X 轴、Y 轴作为基准直线。 选择相对基准直线对称的一对点。
12	 垂直  平行	垂直/平行	在曲线或直线上创建垂直约束，使其与基准线垂直。	单击“垂直/平行”选择一条基准直线，然后选择需要垂直/平行的曲线或直线。
13	 共线	共线	在直线上创建与另一直线共线的约束，确保两条直线位于同一直线上。	单击“共线”，然后选择与之共线的直线。
14	 相切	相切	在两条直线、弧、圆或曲线上创建相切约束，使其保持相切。两条直线、弧、圆或曲线之一发生变化，另一直线、弧、圆或曲线将保持与其相切，直到约束被删除为止。也可以选择一条坐标轴并与之相切。	单击“相切”选择相切点附近的第一条直线、弧、圆或曲线，再选择第二条。
15	 等长	等长	在实体上创建一个等长约束，使其相对另一个实体保持等长。对于不同类型的实体，并没有相等约束。例如，可以限定一条线的长度等于另一条线的长度，或者限定一个圆的半径等于另一个圆的半径。但不能限定一线段与圆的半径相同。	单击“等长”，选择一个基准实体或线段，然后选择要与之等长的实体。

续表

序号	图标	名称	功能	操作要点
16		等曲率	等曲率约束支持曲线与曲线、曲线与圆弧、曲线与直线之间的曲率约束，约束后两线G2 连续(曲率相等)。	单击“等曲率”，选择一曲线，然后选择需要约束的曲线。
17		同心	在点上创建同心约束，使其保持与一基准弧或圆同心。基准弧或圆发生变化，受约束点将保持与之同心。	单击“同心”，选择基准圆或圆弧，然后选择需要约束的点。
18		自动约束	该命令将分析当前的草图几何体，并自动添加约束和标注。	单击“自动约束”选择一个基点，或单击鼠标中键，在默认草图平面中，添加一个 2D 固定约束，然后选择需要创建自动约束和标注的实体。 勾选可以应用的约束，创建标注，勾选该选项，可以自动创建标注并设置标注添加优先级。
19		显示约束	显示所选实体的所有约束。可以选择一个或多个实体。可单击删除按钮删除指定的约束；或单击删除所有按钮删除所有约束。	单击“约束”可以显示当前所有约束对象状态。
20		约束状态	使用该命令可分析当前草图并显示约束系统的状态信息。在选择该命令之后，系统将以不同颜色来显示实体以说明其约束状态。	单击“约束状态”对草图进行分析，分析结果将显示在约束查询状态对话框里。 当添加或移除更新约束之后，该表将会自动更新。 当有实体添加或删除时，实体颜色会自动更新，单击取消关闭对话框。

续表

序号	图标	名称	功能	操作要点
21		快速标注	使用此命令，通过选择一个实体或选定标注点进行标注。根据选中的实体、点和命令选项，此命令可创建多种不同的标注类型	单击“快速标注”功能命令，直接单击所需标注的点、线、半径、直径、角度、弧度的一个或两个点(线)。 单击鼠标选择尺寸所摆放的位置。 单击确定，完成操作。
22		线性	在两点之间创建线性水平标注。选定两个点，然后拖动定位标注文本。	单击“线性”功能命令，直接单击所需标注的点 1、点 2，然后点击中键。 单击鼠标选择尺寸所摆放的位置。 单击确定，完成操作。
23		线性偏移	在 2 条平行线之间创建一个线性偏移标注。选择需标注的两条线，然后拖动以定位标注文本。	单击“线性偏移”功能命令，直接单击所需标注的点 1、点 2，然后点击中键。 单击鼠标选择尺寸所摆放的位置。 单击确定，完成操作。
24		角度	使用此命令可在草图和工程图级上创建 2D 角度标注。该命令支持各种不同类型的标注。包括两曲线标注、水平标注、垂直标注、三点标注和弧长标注。	单击“角度”功能命令，直接单击所需标注的曲线 1、曲线 2，并指定所标注的角度象限。 单击鼠标选择尺寸所摆放的位置。 单击确定，完成操作。
25		半径/直径	使用此命令可在草图、工程图上对零件进行半径/直径标注。可以创建标准标注、直径标注、折弯标注、引线标注和大半径标注等。	单击“半径/直径”功能命令，直接单击所需标注的弧、圆或柱面。 单击鼠标选择尺寸所摆放的位置。 单击确定，完成操作。

续表

序号	图标	名称	功能	操作要点
26	 弧长	弧长	使用此命令可在草图及工程图上对圆弧进行长度标注。在工程图下，双击创建的标注可对其进行编辑。	单击“弧长”功能命令，直接单击所需标注的圆弧。 单击鼠标选择尺寸所摆放的位置。 单击确定，完成操作。

链接知识 K401 基础造型

1. 造型选项卡打开界面

造型选项卡打开界面如图 K401-1 所示。

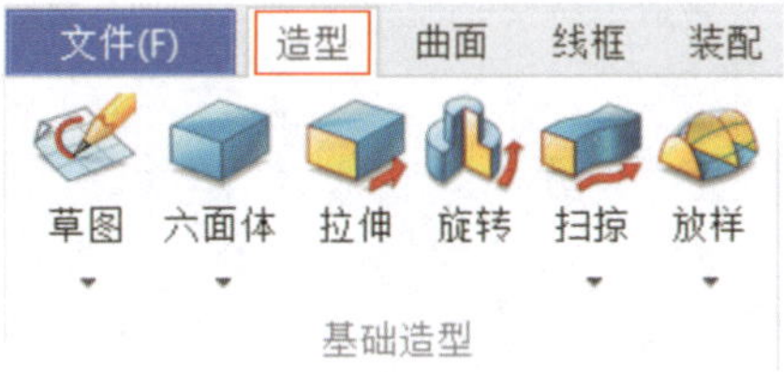

图 K401-1　造型选项卡打开界面

2. 造型选项卡中的命令

造型选项卡中各个命令的介绍见表 K401-1。

表 K401-1　造型选项卡中的命令

序号	图标	名称	功能	操作要点
1		草图	使用此功能可以创建线、圆弧或曲线。	单击“草图”功能命令，然后在选择的位置绘制线。 只要绘图保持活动状态，就可以更改其位置。单击“重新选择”，然后单击图形窗口中的新位置。 中键确定，完成操作。
2		六面体	使用此命令可创建一个六面体快速造型特征。	这和拉伸矩形的效果类似，但此命令仅需两个对角点。支持标准的基体，以及加运算、减运算、交运算，还可使用“中心”或“角点”方法。
3		圆柱	使用此命令可创建一个圆柱体快速造型特征。	这与拉伸造型命令相似，但此命令仅需输入三个点。支持标准的基体，以及加运算、减运算、交运算。还可将圆柱体与一个平面对准。

续表

序号	图标	名称	功能	操作要点
4		拉伸	使用此命令可创建一个拉伸特征。必选输入拉伸方法、拉伸轮廓和起始/结束位置。	单击“拉伸”功能命令，直接单击所需拉伸的草图，输入距离方向、拔模角度，布尔运算。 单击确定，完成操作。
5		旋转	使用此命令可创建一个旋转造型特征。	单击“旋转”功能命令，直接单击所需旋转的实体/草图。 旋转基准轴或线。 单击确定，完成操作。
6		扫掠	使用此命令可用一个开放或闭合的轮廓和一条扫掠轨迹创建简单或变化的扫掠。该路径可以是线框几何图形、面边线、草图或曲线列表。	单击“扫掠”功能命令，选择要扫掠的轮廓或通过中键创建特征草图，可以选择线框几何体，也可以选择做开放的轮廓造型。 选择一个靠近扫掠轨迹开始处的端点，可以是线框、边和草图几何体。 注意扫掠的路径必须是相切连续的。 单击确定，完成操作。
7		放样	使用此命令可创建一个放样造型特征。 可选择使用连接线来匹配轮廓，可设置在顶点相切，还可设置连续方式、权重、缩放比例。	单击“放样”功能命令，单击所需拉伸的轮廓、起点轮廓、终点轮廓、两端点和轮廓。 选择要放样的轮廓，可以是草图、曲线或边。 选择放样起点。 选择放样的终点。 单击确定，完成操作。

链接知识 K406 轴的建模实例

对减速器中轴进行实体建模，步骤如下。

在基础造型功能命令区单击“草图”（草图），选择“XY”平面进入草图界面，如图K406-1所示。

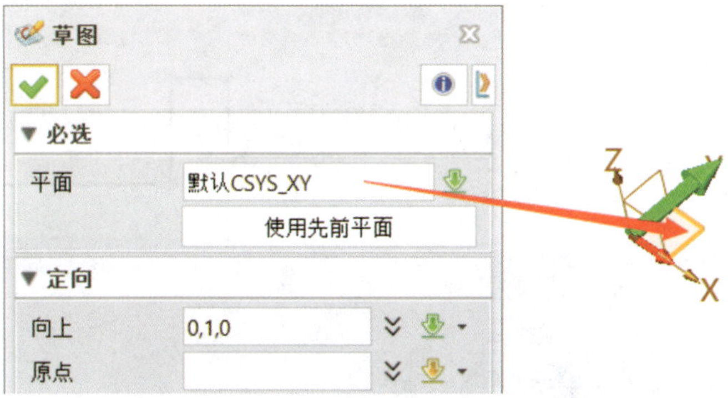

图 K406-1　单击“草图”命令进入草图界面

单击“绘图”（绘图）或“直线”（直线），以坐标原点为第一点绘制如图K406-2所示的轮廓，注意线段之间需要平行或垂直。

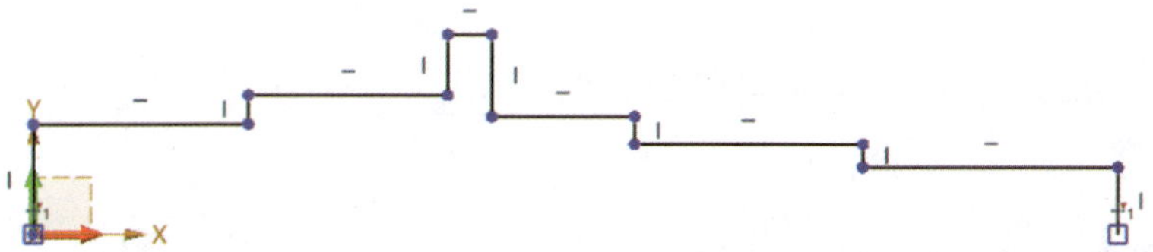

图 K406-2　绘制输出轴截面轮廓

在约束功能选项卡单击“快速标注”（快速标注），选择坐标轴原点为“点1”，以输出要标注的点为“点2”，如图K406-3所示。

在弹出的输入标注值栏中输入数“12.5”后，单击“确定”完成尺寸的标注，如图K406-4所示。

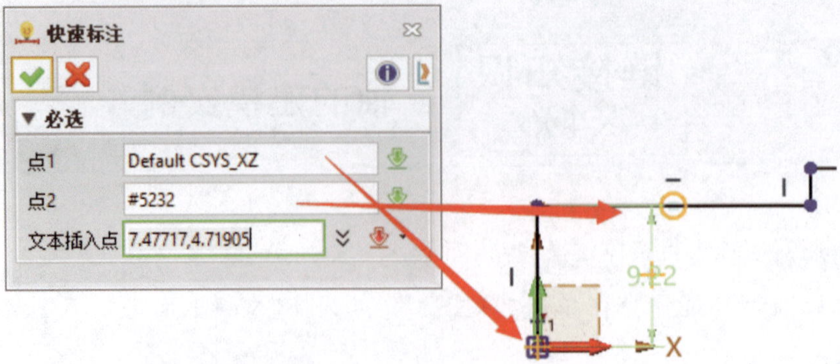

图 K406-3 快速标注点位

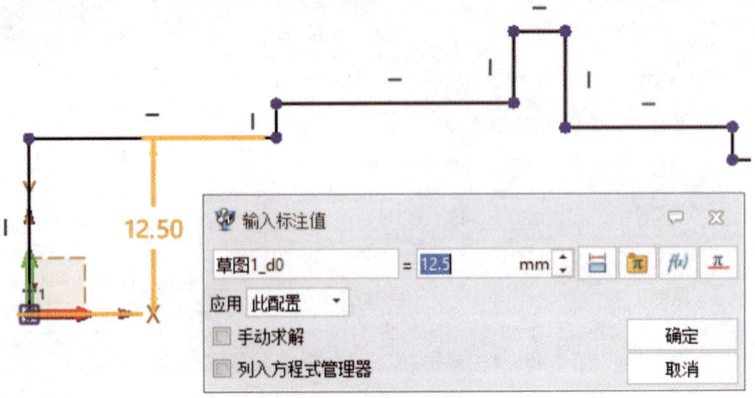

图 K406-4 最终完成的输出轴

如图 K406-5 所示，依次标注径向尺寸。

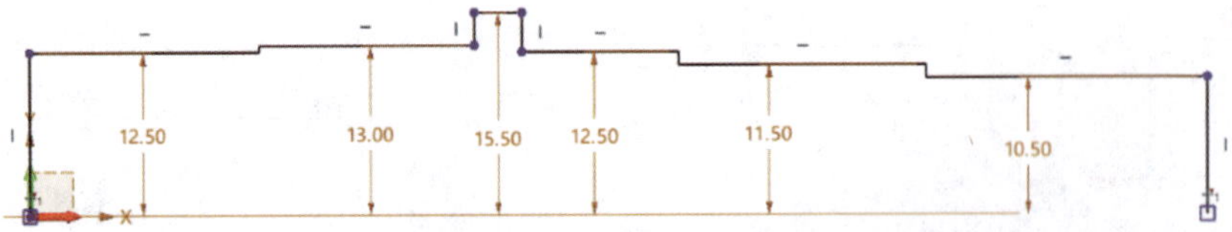

图 K406-5 径向尺寸标注

单击“快速标注”，单击左侧边线为点 1，右侧边线为点 2，在上方放置尺寸，如图 K406-6 所示。

在弹出的“输入标注值”中输入尺寸“138”，如图 K406-7 所示。

标注尺寸 30、32、60、23、10，如图 K406-8 所示。

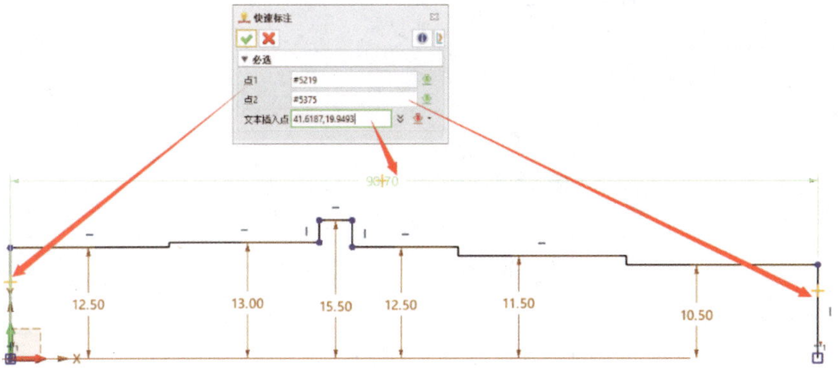

图 K406-6　轴向尺寸标注点的选择

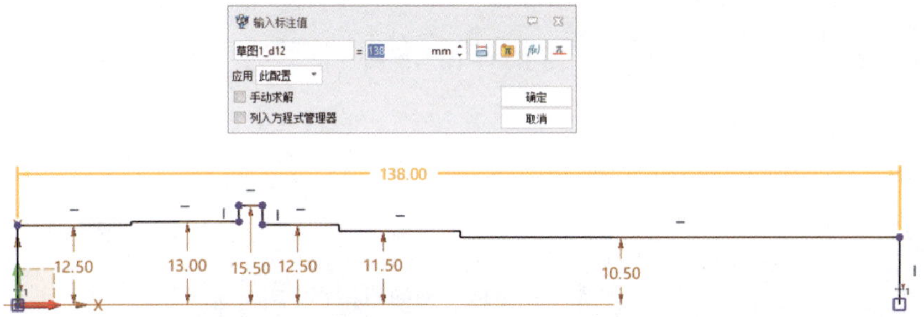

图 K406-7　标注总长

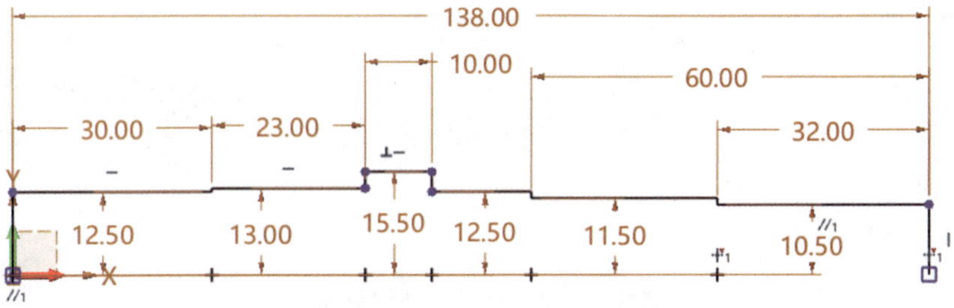

图 K406-8　完成轴向尺寸标注

单击“倒角”(倒角)，依次单击曲线 1 和曲线 2，单击中键确定，在倒角距离处输入“2”并单击两次中键，如图 K406-9 所示。

继续完成左右两侧 C2，其余 C0.5 的倒角，如图 K406-10 所示。

Ctrl+Q 退出草图或单击结束绘制草图，得到如图 K406-11 所示的草图。

单击“旋转”(旋转)，选择“草图 1”，鼠标选择“X 轴”作为旋转轴，其余设置默认，如图 K406-12 所示。

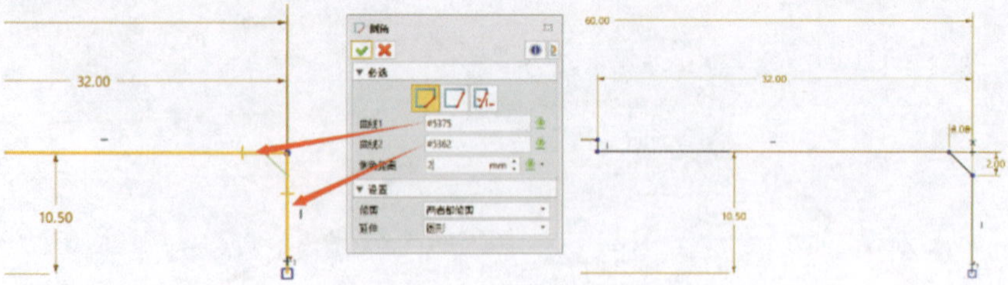

图 K406-9　倒角过程及结果

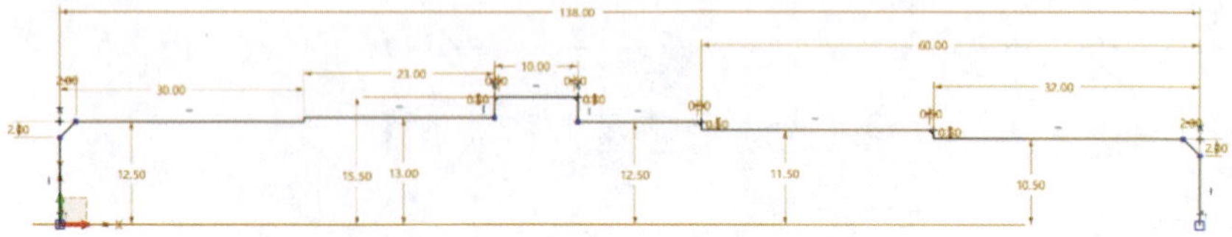

图 K406-10　倒角

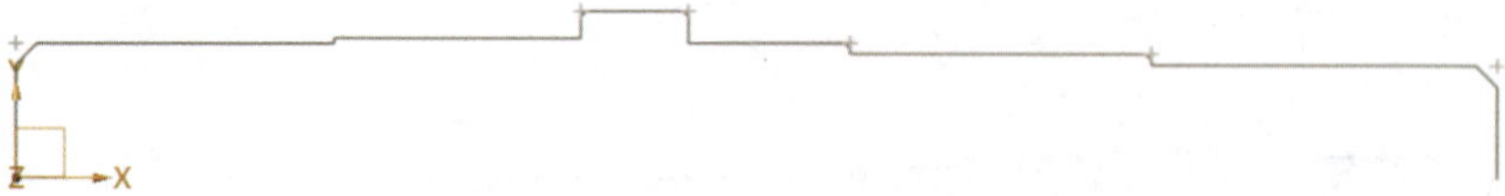

图 K406-11　轴的草图

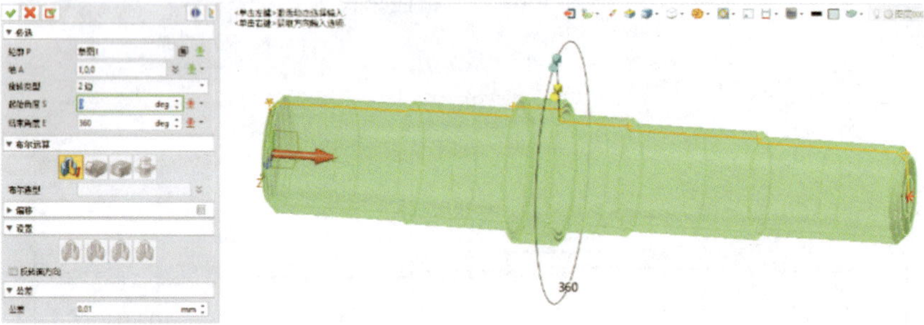

图 K406-12　选择绘制的草图 1

单击旋转对话框中的 ✔ 生成实体，如图 K406-13 所示。

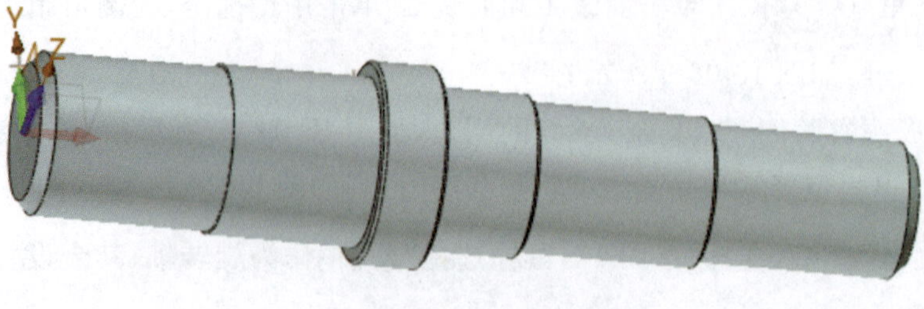

图 K406-13　轴的实体

滚动鼠标中键使坐标平面显示出来，在基础造型功能命令区单击“草图”，选择“XZ”平面，进入草图界面，如图 K406-14 所示。

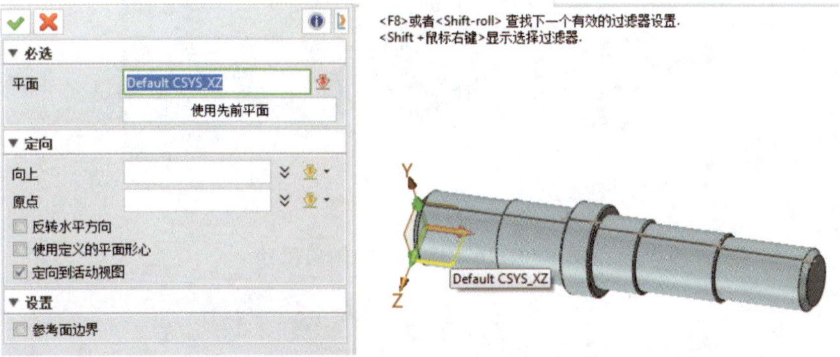

图 K406-14　选择建立草图平面

单击选择“槽”（槽），绘制半径为 4 mm 的槽，如图 K406-15 所示。

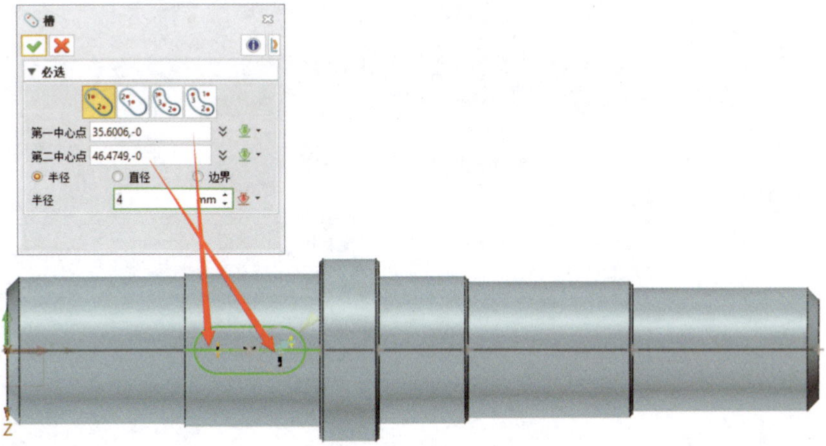

图 K406-15　绘制槽

单击（快速标注），参照图 K406-16 选择槽的两端作为标注位置，在弹出的数值设置窗口中，设置数值为 18 mm，如图 K406-17 所示。

根据图纸标注 2 mm，如图 K406-18 所示，并退出草图。

单击（拉伸），设置拉伸参数；选择（除料布尔运算），设置起始点 S，结束点 E，如图 K406-19 所示。

单击拉伸对话框中的，完成键槽拉伸，如图 K406-20 所示。

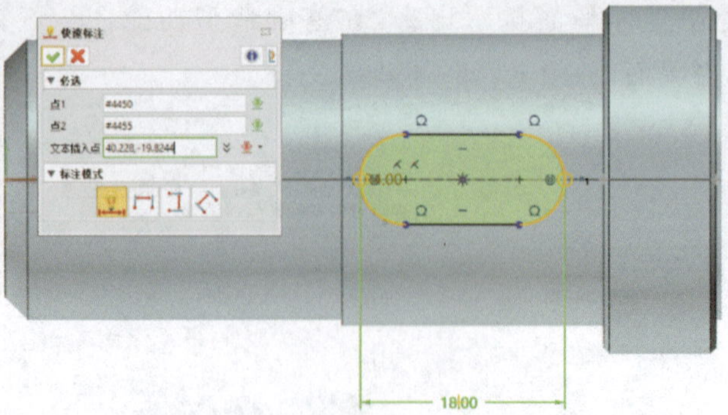

图 K406-16　标注槽的轴向尺寸

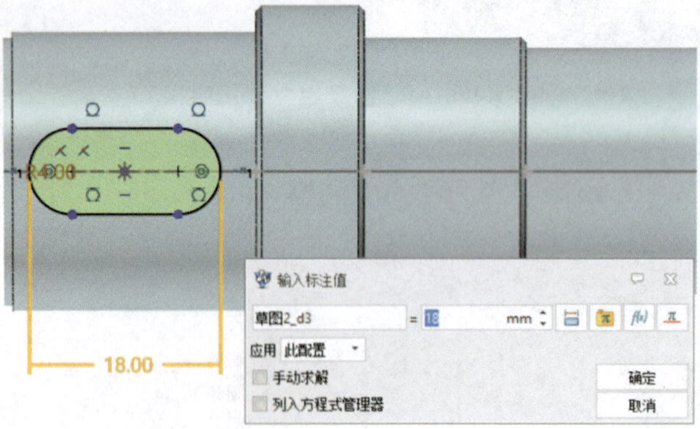

图 K406-17　设置数值

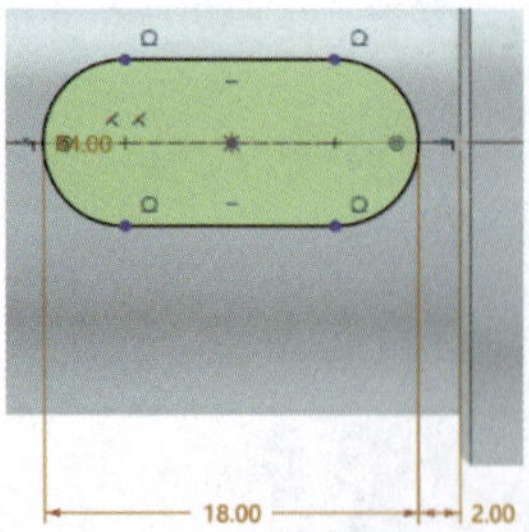

图 K406-18　标注槽的定位尺寸

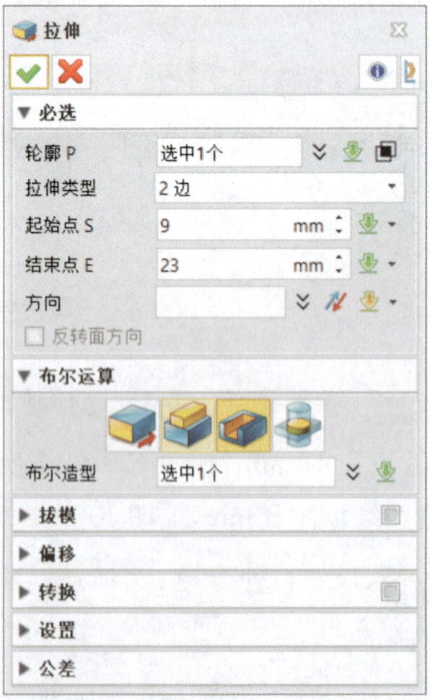

图 K406-19　设置拉伸参数

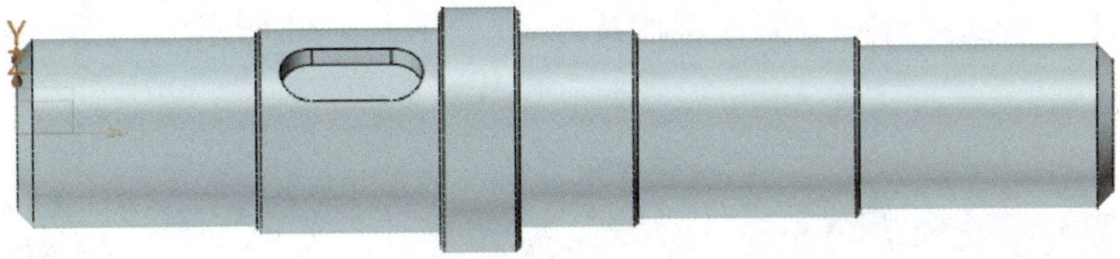

图 K406-20　完成拉伸操作

用相同的操作建立草图，并约束标注尺寸，如图 K406-21 所示，退出草图。

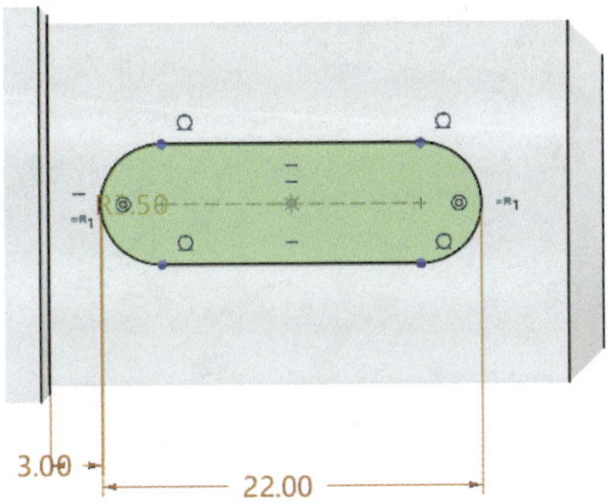

图 K406-21　约束标注键槽尺寸

单击拉伸，按图 K406-22 设置拉伸对话框中的数据，选择(除料布尔运算)，设置起始点 S，结束点 E。

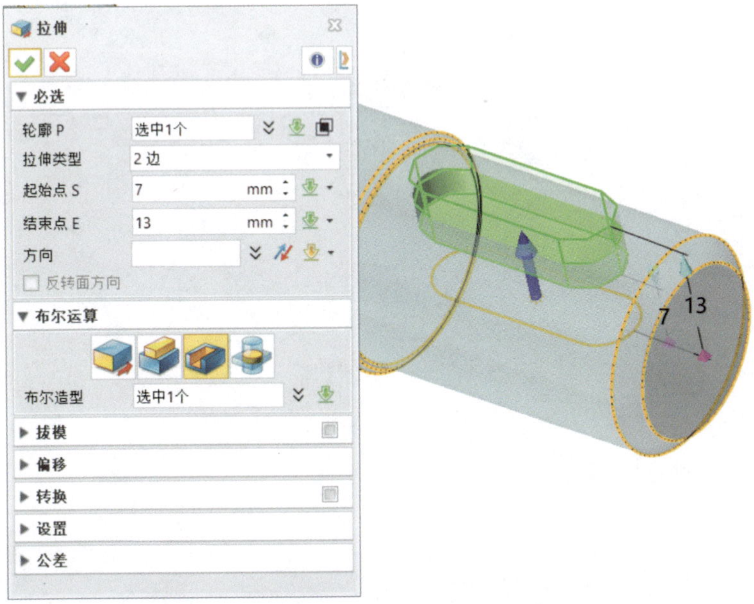

图 K406-22　设置拉伸参数

单击拉伸对话框中的✔，完成键槽拉伸，如图 K406-23 所示。

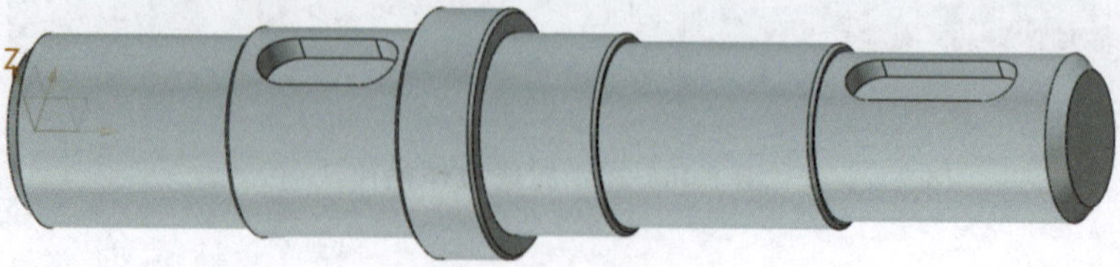

图 K406-23　完成建模

链接知识 K602 视图布局

1. 布局选项卡界面

布局选项卡界面如图 K602-1 所示。

图 K602-1 布局选项卡界面

2. 布局选项卡中的命令

布局选项卡中所用命令的介绍,见表 K602-1。

表 K602-1 布局选项卡中所用命令的介绍

序号	图标	名称	功能	操作要点
1		标准	使用该命令,为 3D 零件创建一个标准布局视图。如果零件有通过视图管理器创建的命名视图,则这些视图也可作为标准视图插入。	单机“标准”功能命令,选择所需投影的零件和所需的视图方向,更改样式、投影比例。 选择摆放位置,单击确定,完成操作。
2		对齐剖视图	视图在两个方向剖视然后对齐。当剖切圆形零件希望显示出零件的两个不同特征时,通常使用该选项。	单击对齐剖视图,选择需要剖视的视图,以两基点确定要剖视的位置,选择对齐方向,选择摆放位置。 更改剖面方式、对齐方式、标注类型。 单击确定,完成操作。

链接知识 K604 轴的工程图实例

下面以减速器中的轴零件为例，输出零件工程图。

1. 进入 2D 工程图模块

可使用两种方法进入 2D 工程图界面，如图 K604-1 所示。

（1）点击 DA 工具栏右侧的箭头 ，单击“2D 工程图”命令，进入 2D 工程图模块。

（2）在空白区单击鼠标右键，弹出快捷菜单，单击“2D 工程图”命令，进入 2D 工程图模块。

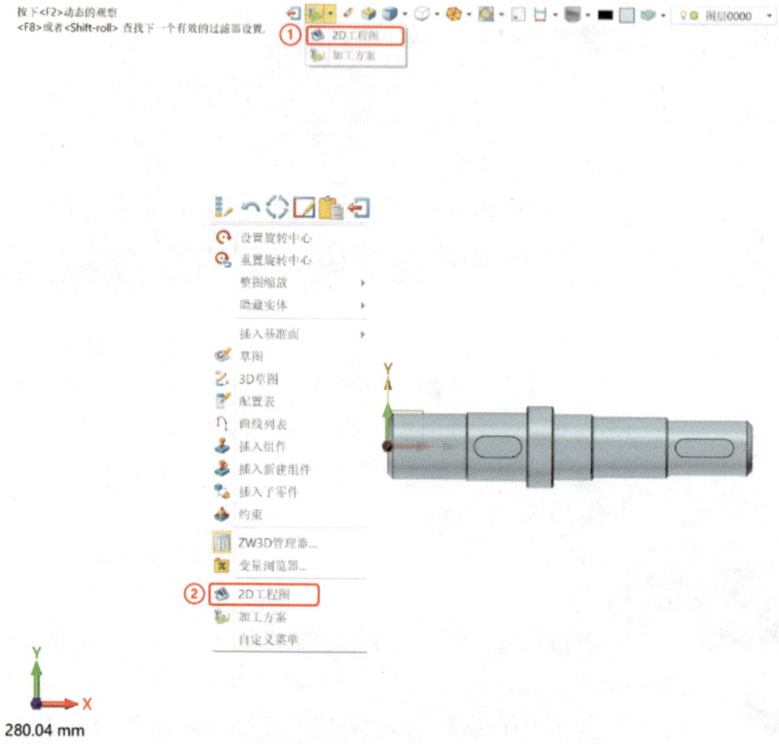

图 K604-1　进入 2D 工程图

2. 选择模板

点击默认模板,单击确认,如图 K604-2 所示。

3. 确认摆放位置

点击标准命令,按图 K604-3 中的标准命令对话框进行设置。

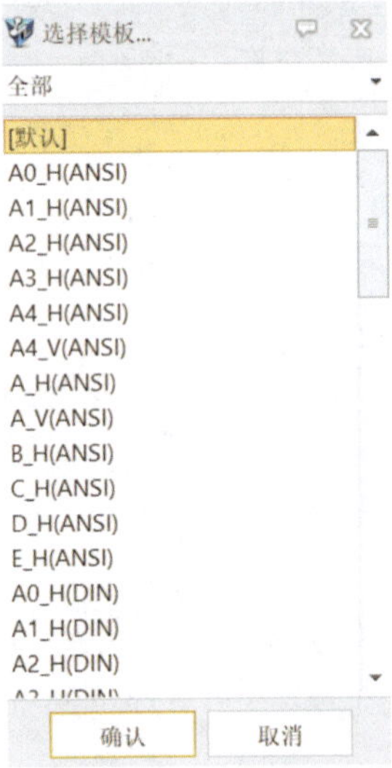

图 K604-2　选择模板

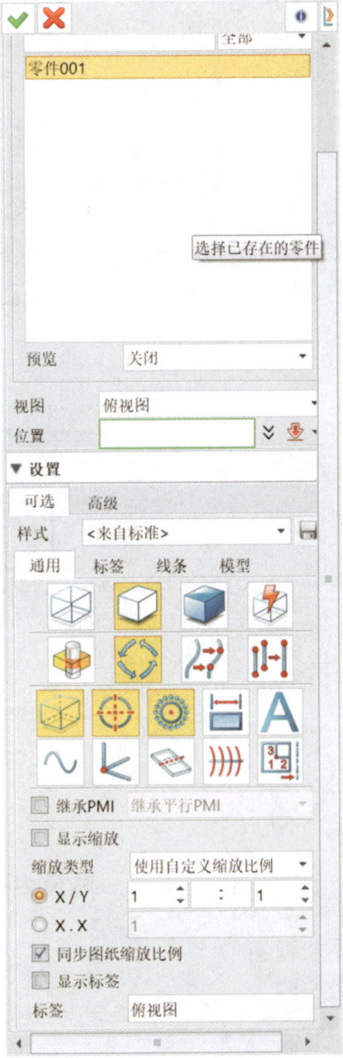

图 K604-3　标准命令对话框

移动鼠标将视图放置在图纸中间,如图 K604-4 所示。

单击鼠标左键确认,点击,完成视图的摆放,如图 K604-5 所示。

图 K604-4　摆放主视图

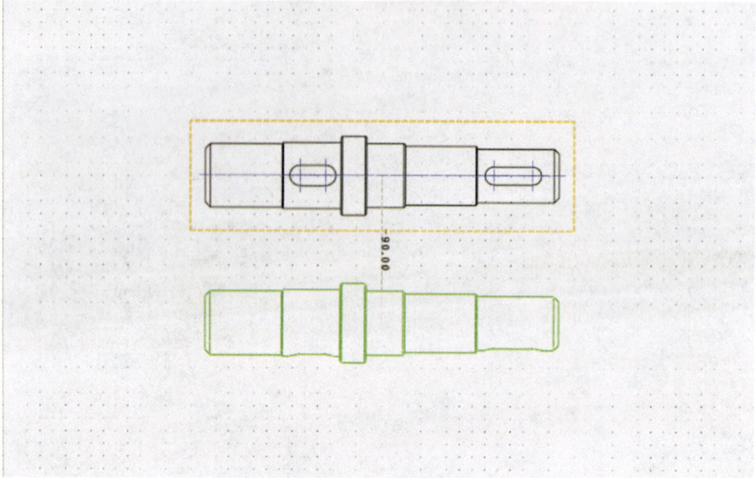

图 K604-5　确认摆放位置

4. 对齐剖视图

点击全剖视图下方小三角展开功能栏，点击对齐剖视图（ ）命令，如图 K604-6 所示。

按图 K604-7 中的对齐剖视图命令对话框进行设置。

点击基本视图选择框，选择需要剖视的视图，如图 K604-8 中箭头所示，点击中键确认。

点击基点选择框，用两个基点确定需要剖视的位置，如图 K604-9 中箭头所示，点击中键确认。

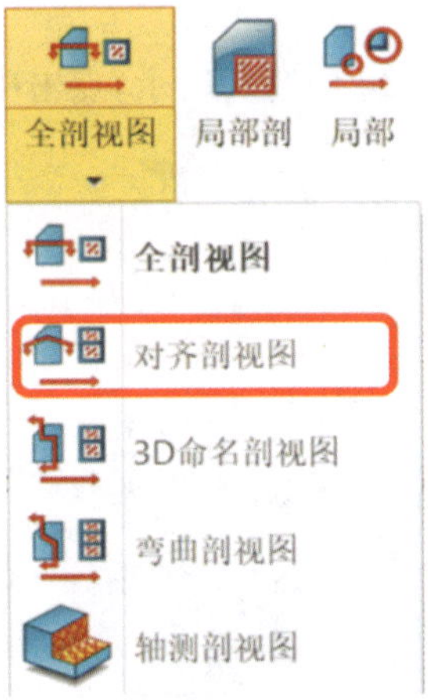

图 K604-6　选择对齐剖视图

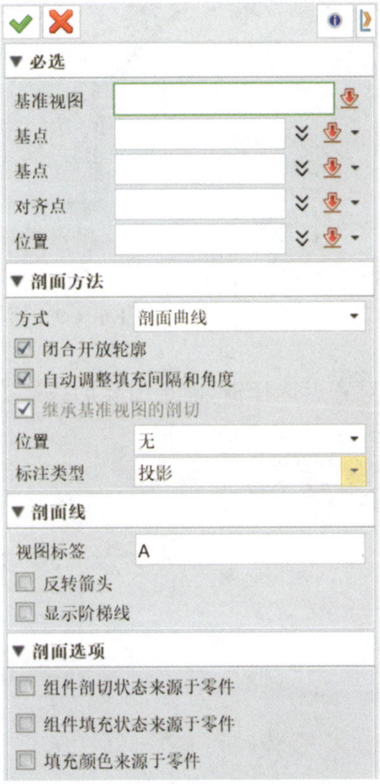

图 K604-7　对齐剖视图命令对话框

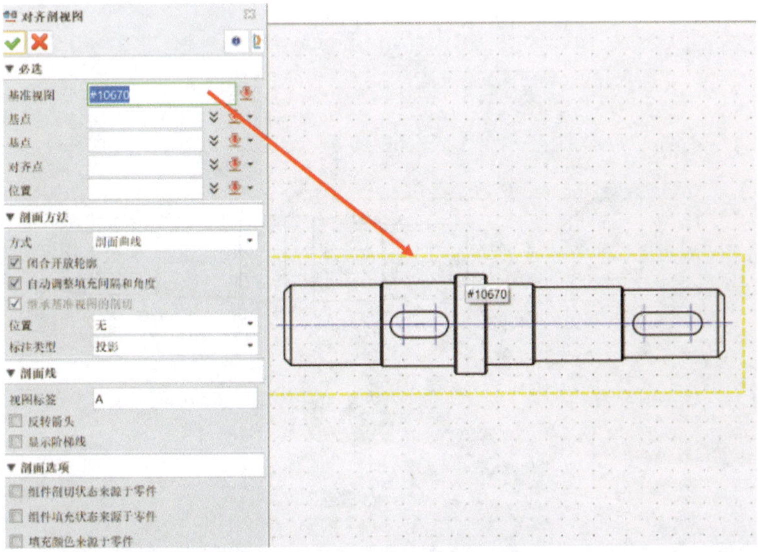

图 K604-8　对齐剖视图操作步骤 1

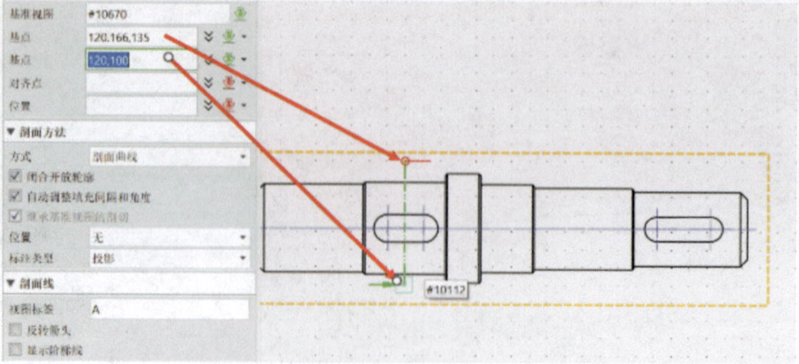

图 K604-9　对齐剖视图操作步骤 2

点击对齐点选择框，确定需要的投影方向，如图 K604-10 中箭头所示，点击中键确认。

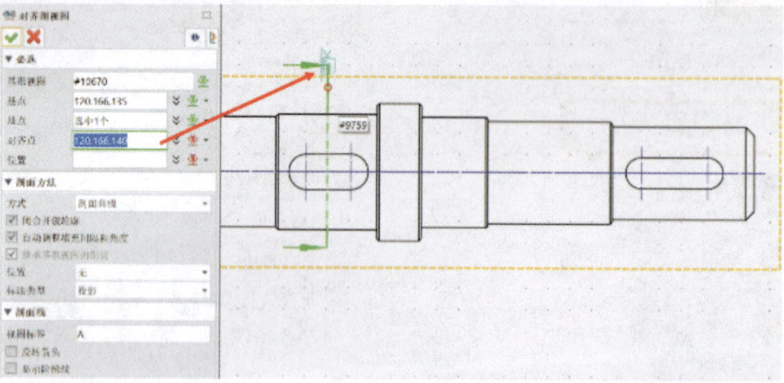

图 K604-10　对齐剖视图操作步骤 3

点击位置选择框，选择视图的摆放位置，如图 K604-11 中箭头所示，点击中键确认。

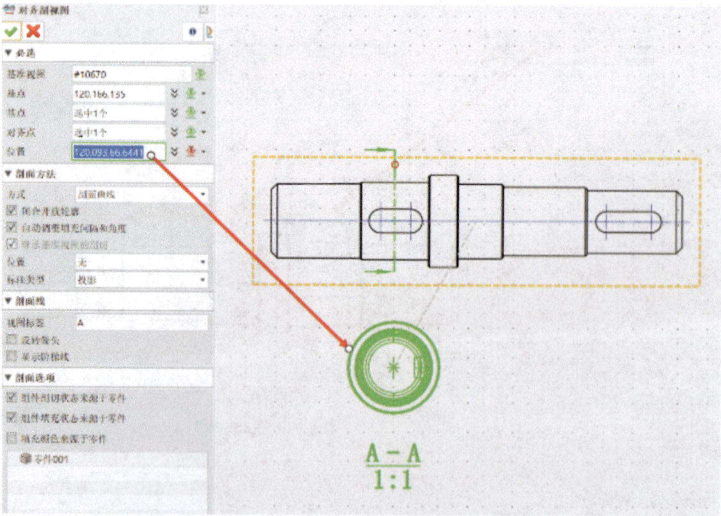

图 K604-11　对齐剖视图操作步骤 4

完成第一个移除断面图,如图 K604-12 所示。

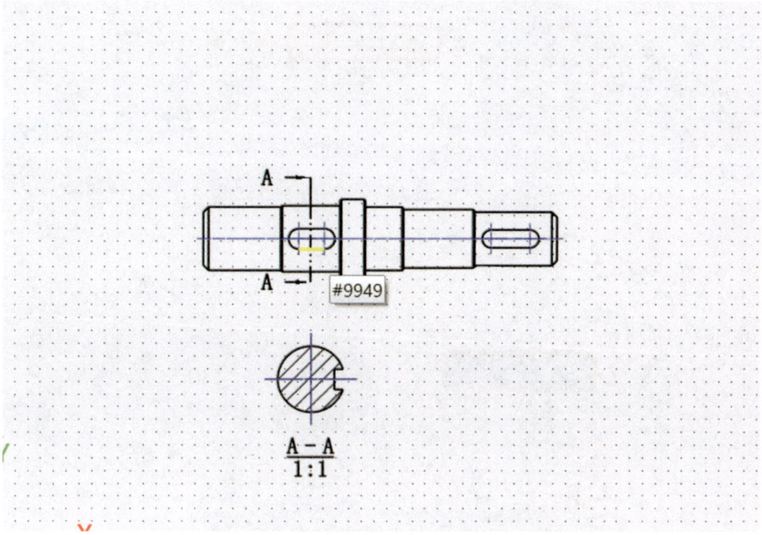

图 K604-12　对齐剖视图操作步骤 5

用相同的方法完成另一侧的移除断面图,如图 K604-13 所示。

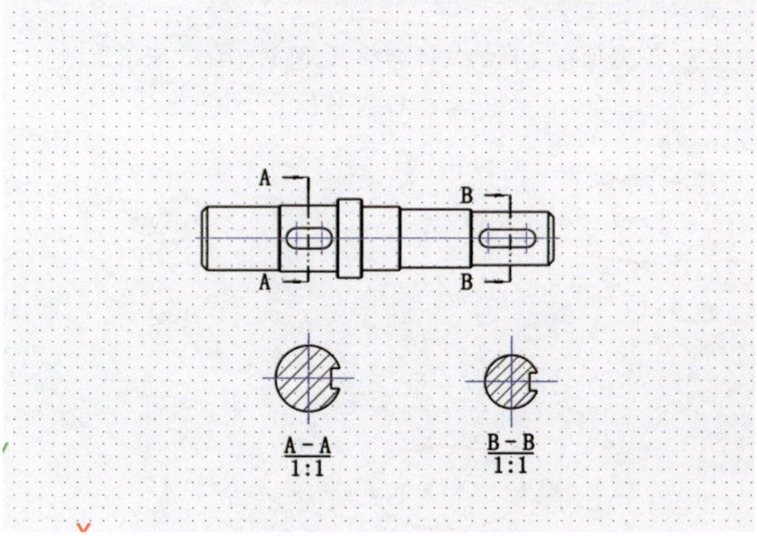

图 K604-13　完成轴的 2D 工程图

5. 输出工程图

点击屏幕左上角的“文件”,点击“输出”,点击右侧“输出”,如图 K604-14 所示。

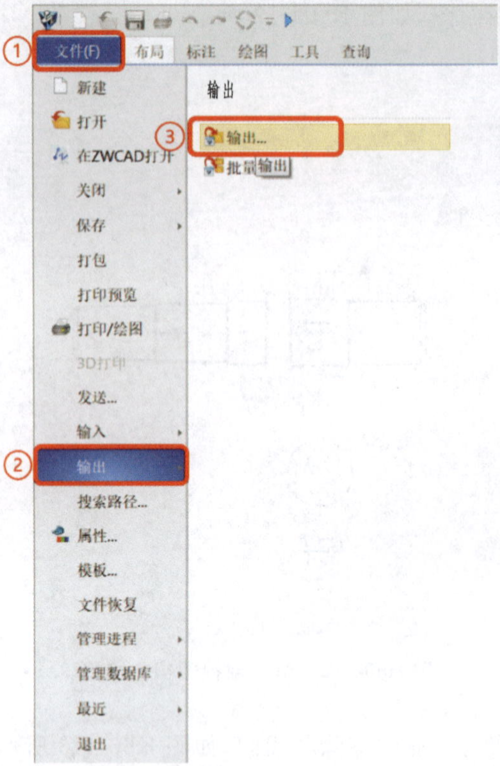

图 K604-14　输出

选择保存位置，设置保存文件的文件名称，如图 K604-15 所示。

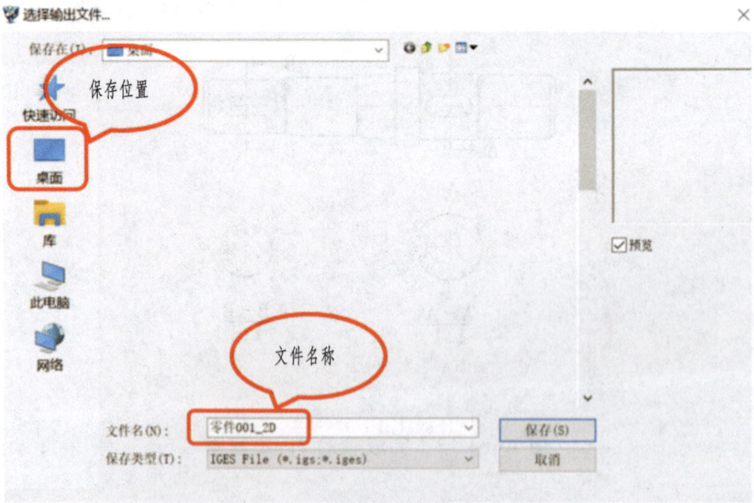

图 K604-15　设置保存位置及文件名称

设置保存文件的文件格式，选择 DWG/DXF File(*. dwg/ *. dxf)格式，点击保存，保存至桌面。如图 K604-16 所示。

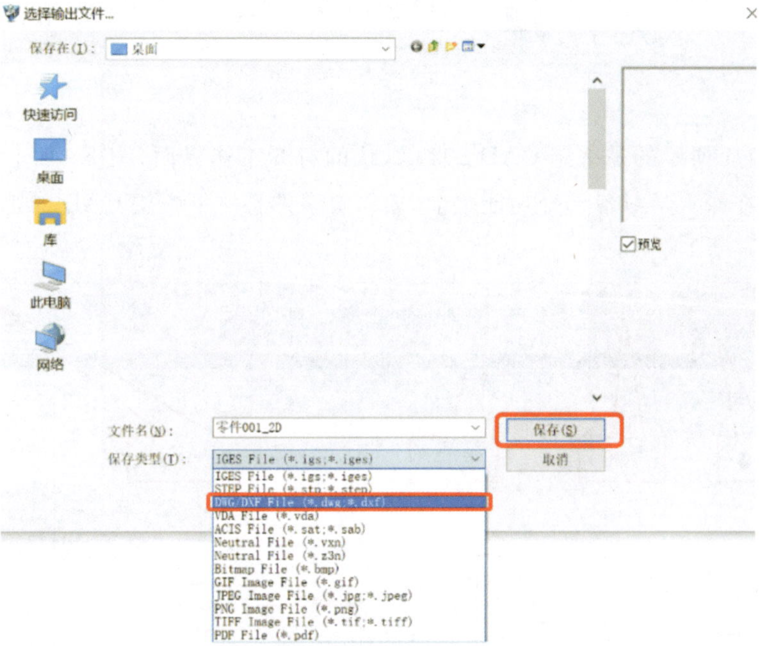

图 K604-16 保存

链接知识 K901 中望 CAD 软件认识界面

图 K901-1 所示的是中望 CAD 2021 默认的打开工作界面，图 K901-1 对各个部分作了标示。在深入学习各部分功能之前，还需要多熟悉一下中望 CAD 的工作界面。

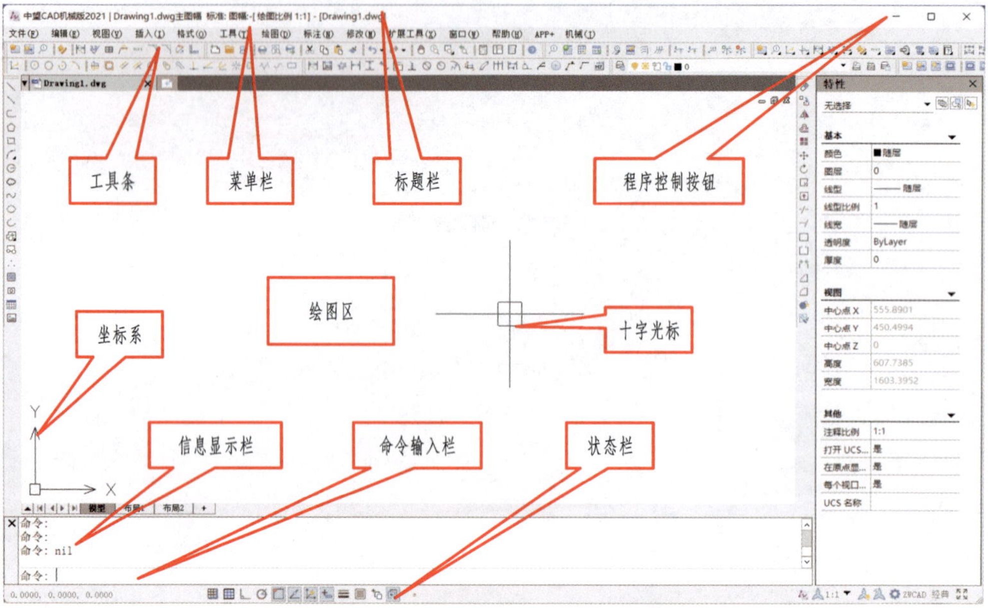

图 K901-1　中望 CAD 2021 的工作界面

1. 标题栏

标题栏主要显示软件的名称和版本号，以及当前编辑文件的名称等信息，如图 K901-2 所示。

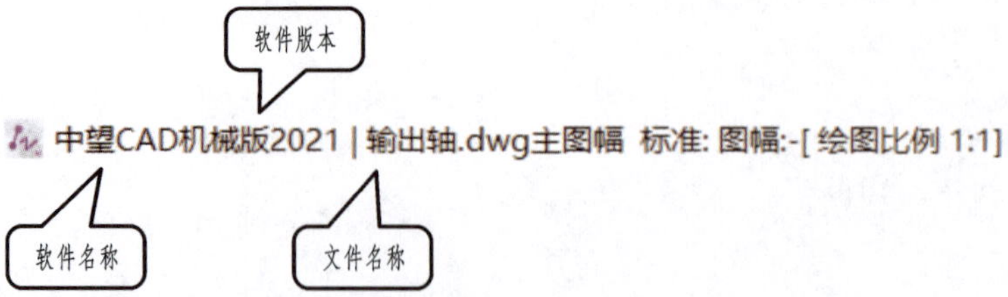

图 K901-2　标题栏

2. 程序控制按钮

与 Windows 系统下的大部分应用程序一样，中望 CAD 2021 也带有 3 个程序控制按钮，这 3 个按钮从左到右依次是“最小化”按钮、“恢复窗口大小”按钮和“关闭”按钮，如图 K901-3 所示。

图 K901-3　程序控制按钮

“最小化”按钮：将应用程序最小化到 Windows 窗口的底部。

“恢复窗口大小”按钮：将应用程序恢复为窗口显示，此时该按钮会变为“最大化”按钮。

“关闭”按钮：关闭应用程序。

3. 菜单栏

在菜单栏中，单击某一选项后，会弹出下拉菜单，如图 K901-4 所示。利用下拉菜单可执行中望 CAD 2021 的大部分命令。

在使用下拉菜单时应注意以下几点。

(1) 当选择右面有标记“▶”的选项时，将出现下一级菜单，即光标菜单（见图 K901-5），在该菜单中继续进行选择，可以完成选取的选项操作。

图 K901-4　下拉菜单

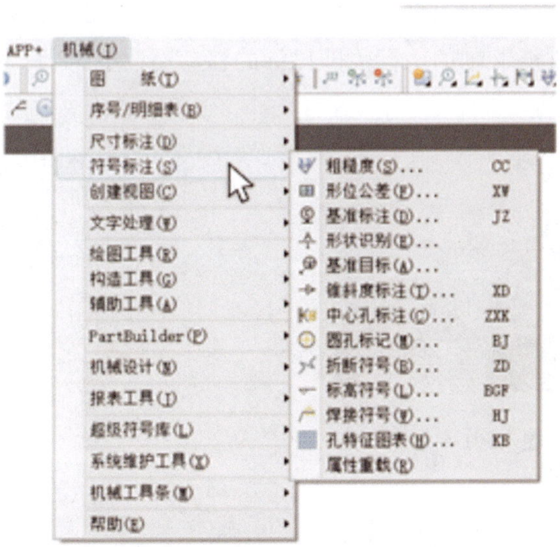

图 K901-5　光标菜单

(2) 当选择选项右面没有标记的选项后，即执行该选项操作。

(3) 当选项呈现灰色时，表示该选项在当前状态下不可使用。

(4) 当选项后跟有快捷键时，表示按下快捷键即可执行该选项操作。

(5) 当选项后跟有组合键时，表示直接按组合键即可执行该选项操作。

(6) 当选择某个后面有标记“…”的选项时，屏幕上将弹出一个对话框，通过对弹出的对话框进行选择、输入等操作，可完成该选项的选择操作。

4. 工具条

工具条区将各个工具按类型划分在不同的选项卡中，而每一个选项卡下都包含了多个工具面板，在面板中直接单击工具按钮即可激活相应的命令。如果将鼠标光标指向这些按钮，将弹出工具的名称和提示，如图 K901-6 所示。

5. 绘图区

屏幕中间的空白区域称为图形窗口或绘图区域（简称绘图区），也就是进行绘制工作的地方。可以将其想象为一张绘图纸，只是这张图纸的大小是没有限制的。

绘图区域有自己的滚动条、标题栏和控制按钮等，并且可以通过其右上角的控制按钮将绘图区域窗口化显示。

6. 十字光标

十字光标由两条相交的十字线和一个位于交点上的小方框组成。十字线用来显示鼠标指针相对于图形中其他对象的位置，而小方框称为拾取框，用于选择或拾取对象。

移动鼠标时，屏幕上的拾取框和十字线也随之移动，此时在状态栏的左下角可以看到 X 轴和 Y 轴的坐标也随鼠标的移动而改变，如图 K901-7 所示。

图 K901-6 工具条

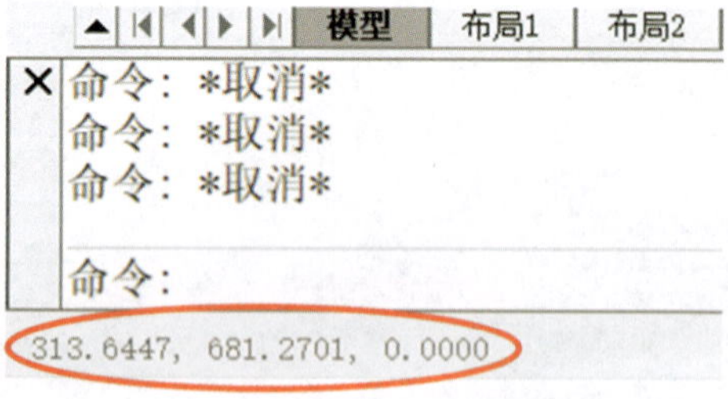

图 K901-7 十字光标坐标

7. 坐标系

显示当前绘图时所使用的坐标系形式。

8. **信息显示栏**

显示已经被执行完毕的命令，默认的命令窗口大约可以显示 3 行文字，如果命令窗口太小，看的信息不够多，那么可以调整其大小，如图 K901-8 所示，用户可以将光标指向命令窗口与绘图区域的边界上，待光标变为“-÷-”形状后，向上拖曳鼠标光标将命令窗口变大。还有一种方式就是单独将命令历史区显示出来，按快捷键 F2 就可以把命令历史区以文本窗口的形式显示出来，如图 K901-9 所示，不过这个方式并不实用，文本窗口显示在界面上会妨碍绘图操作。

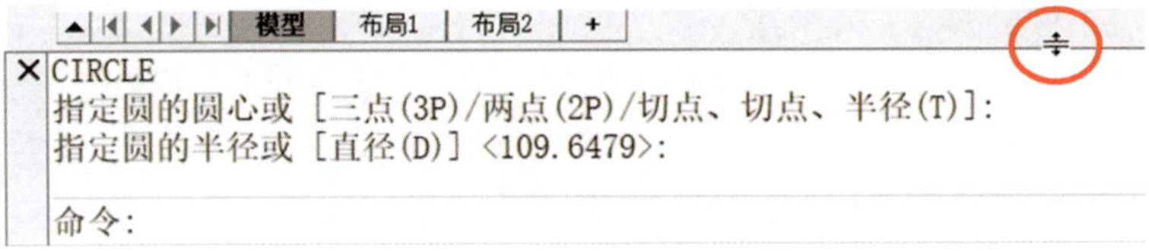

图 K901-8　信息显示栏

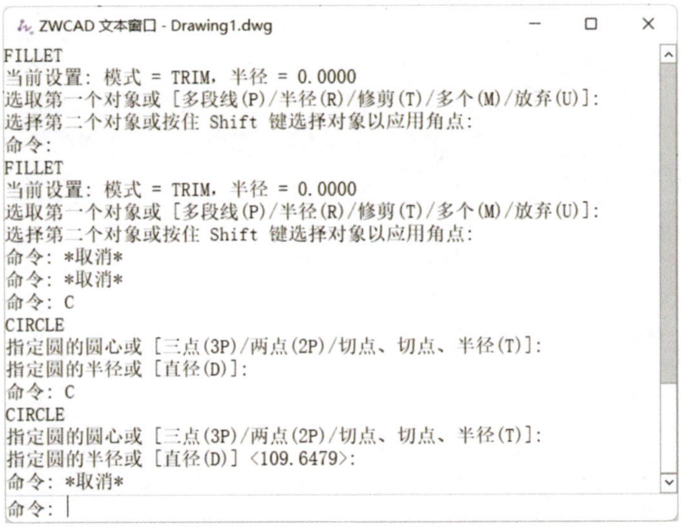

图 K901-9　中望 CAD 文本窗口

9. **命令输入栏**

借助键盘输入中望 CAD 命令的地方，命令行有命令提示符“命令”，表示中望 CAD 已处于准备接收命令的状态。

10. **状态栏**

屏幕的最下端是状态栏，如图 K901-1 所示。状态栏的左侧是“图形坐标”区域，用于显示十字光标在 X 轴、Y 轴和 Z 轴上的坐标值。移动鼠标时，坐标值也跟着变化(若坐标值不改变，可以单击该区域再移动鼠标)。

状态栏的中间是辅助绘图工具栏。辅助绘图工具主要用于设置一些辅助绘图功能，如设置点的捕捉方式、设置正交绘图模式和控制栅格显示等。虽然这些功能并不参与绘图，但可以使绘图工作更加快速和方便。状态栏的右侧为控制布局、命令注释和工作界面设置工具。

链接知识 K902 图幅设置

在实际的工作中，常需要使用图幅设置命令来完成图幅设置，从而绘制出一幅完整的零件图或装配图。

1. 图幅设置对话框打开方式

在中望 CAD 2021 中有 3 种常用的打开“图幅设置”对话框的方式。

(1) 在命令输入栏输入快捷命令“TF”→空格(或回车)。

(2) 在机械工具条中单击图幅设置按钮( )。

(3) 在菜单栏选择机械→图纸→图幅设置，如图 K902-1 所示。

图 K902-1 打开图幅设置对话框

2. 图幅设置对话框

图幅设置对话框如图 K902-2 所示。

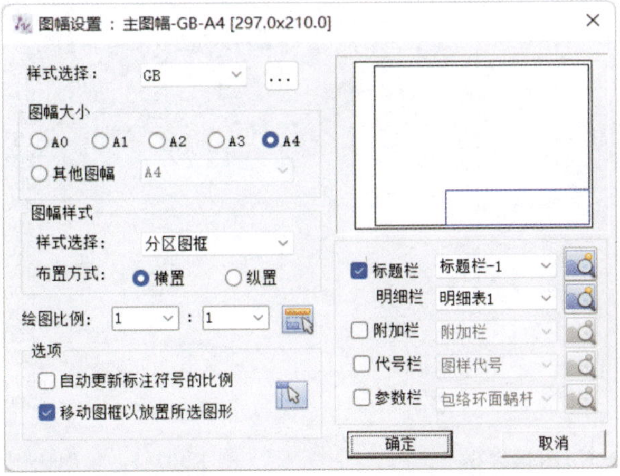

图 K902-2 图幅设置对话框

(1) 样式选择。

可根据需求选择不同的样式，如表 K902-1 所示。

表 K902-1　样式选择

序号	样式	翻译
1	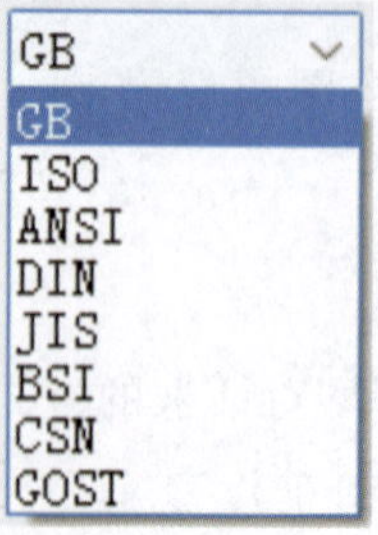	GB：中华人民共和国国家标准
2		ISO：国际标准
3		ANSI：美国国家标准
4		DIN：德国工业标准
5		JIS：日本工业标准
6		BSI：英国标准
7		CSN：捷克斯洛伐克国家标准
8		GOST：俄罗斯国家标准

(2) 图幅大小。

常用的 5 个图幅为 A0、A1、A2、A3、A4，同时也可根据不同需求选择其他类型的图幅，如图 K902-3 所示。

① 图幅样式：主要用于选择图幅是否分区和进行图幅横置或纵置设置。

② 绘图比例：应根据图形大小确定绘图比例，可以直接输入绘图比例数值，也可选择相应的绘图比例，如图 K902-4 所示。

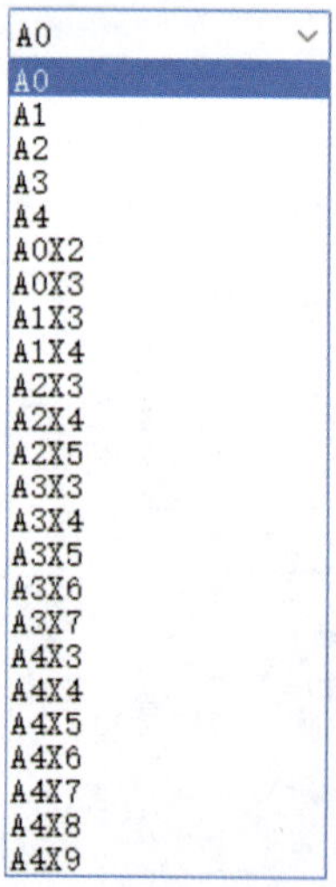

图 K902-3　图幅大小

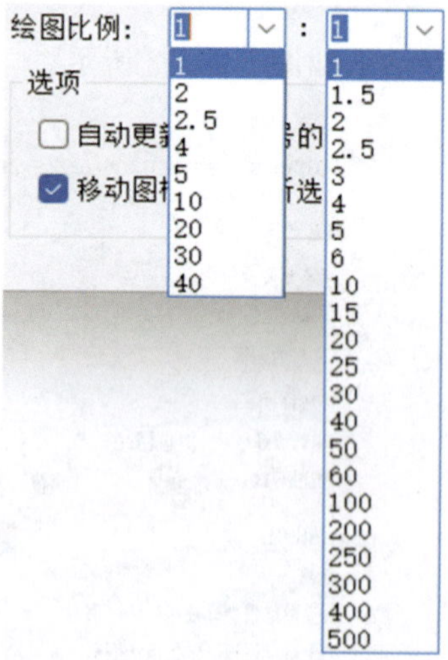

图 K902-4　绘图比例

③ 标题栏、附加栏、代号栏、参数栏：可根据绘制需求添加，勾选后可在右上部分看

见整体的预览图，也可单击预览图标()看详细预览效果，如图 K902-5 所示。

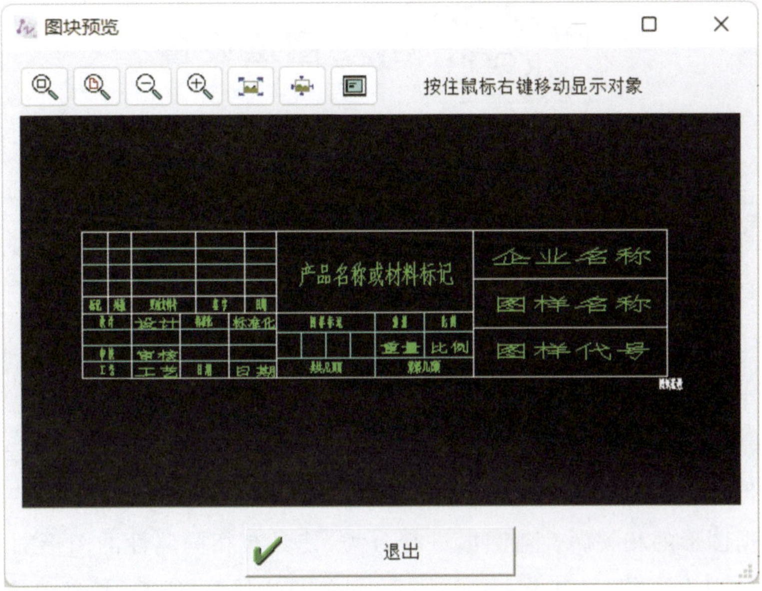

图 K902-5　标题栏详细预览图

链接知识 K903 图层设置

利用颜色、线宽和线型组织图形的最好方法就是使用图层。图层能够提供区分图形中各种各样不同成分的强大功能。例如，在机械图中可能会使用到中心线、隐藏线、填充图案、对象及标注等图层。

1. 图层的概念

确定一个图形对象，除了必须确定它的几何数据（如位置和形状等）以外，还要确定它的线型、线宽、颜色和状态等非几何数据，中望 CAD 称图形所具有的这些非几何信息为图形的属性。

为了根据图形的相关属性对图形进行分类，使具有相同属性的图形对象分在同一组，中望 CAD 引入了“图层(Layer)”的概念，也就是把线型、线宽、颜色和状态等属性相同的图形对象放进同一个图层，便于对 CAD 图形进行管理。

引入“图层”这一概念之后，只要事先指定每一图层的线型、线宽、颜色和状态等属性，使凡具有与之相同属性的图形对象都放到该图层上即可。在绘制图形时，只需要指定每个图形对象的几何数据和其所在的图层就可以了。这样既可使绘图过程得到简化，又便于对图形进行管理。

2. 图层特性管理器界面

所有图形都有一个默认图层，称为图层 0。图层 0 的颜色默认设置为黑色/白色，线型为实线(Continuous)，线宽为默认值(线宽的默认值为 0.25 mm)。

要创建一个新图层，可以在“图层”工具栏中单击图层特性管理器按钮，或者执行“格式→图层”菜单栏命令，打开图层特性管理器，如图 K903-1 所示。

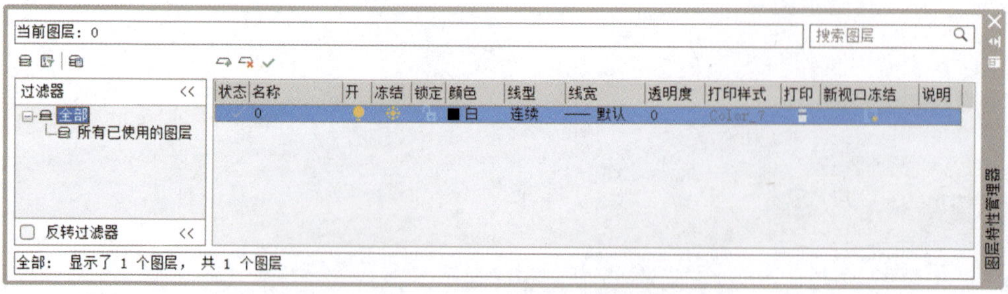

图 K903-1 图层特性管理器界面

但是，若完成“图幅设置”命令后再打开图层特性管理器，则中望 CAD 会自动生成常用的图层，如图 K903-2 所示，为便于操作者工作，后续只需要根据绘图要求更改线宽、线性比例等即可。

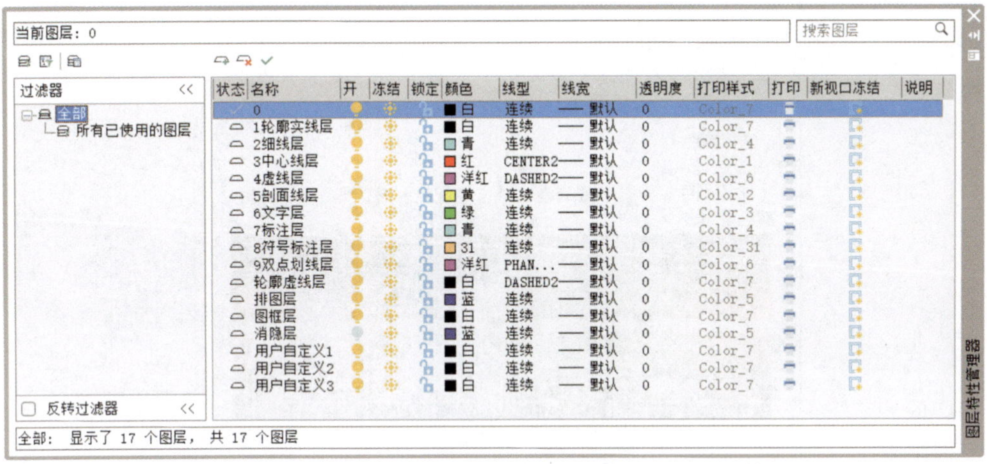

图 K903-2　图层特性管理器

3. 图层特性管理器的命令

（1）新建图层按钮：单击该按钮将在当前选择的图层下面创建一个新图层，新图层会自动继承所选择图层的所有特性。创建时可以对图层进行命名，如果没有命名，那么图层将以“图层 1”、“图层 2”……的顺序命名排列。

（2）删除图层按钮：用于删除当前选择的图层，只能删除未被参照的图层（参照的图层包括 0 图层、DEFPOINTS 图层、包含对象（包括块定义中的对象）的图层、当前图层及依赖外部参照的图层）。

（3）置为当前按钮：将选择的图层设置为当前图层，用户所绘制的图形都位于当前图层上。

（4）状态：显示图层的状态，如果是当前图层，将显示标记；非当前图层，将显示标记。

（5）名称：显示图层的名称。

（6）开：打开或关闭图层的可见性，打开时按钮呈显示，此时图层中包含的对象在绘图区域内显示，并且可以被打印；关闭时按钮呈显示，此时图层中包含的对象在绘图区域内隐藏，并且无法被打印。

（7）冻结：用于在所有视口中冻结或解冻图层，冻结时按钮呈显示，此时图层中包含的对象无法显示、打印、消隐、渲染或重生成；解冻时按钮呈 显示。

(8) 锁定：用于锁定或解锁图层，锁定图层中的对象将无法进行修改，锁定时按钮呈 显示，解锁后按钮呈 显示。

(9) 颜色：用于设置图层的颜色，单击颜色名将打开选择颜色对话框，如图 K903-3 所示。

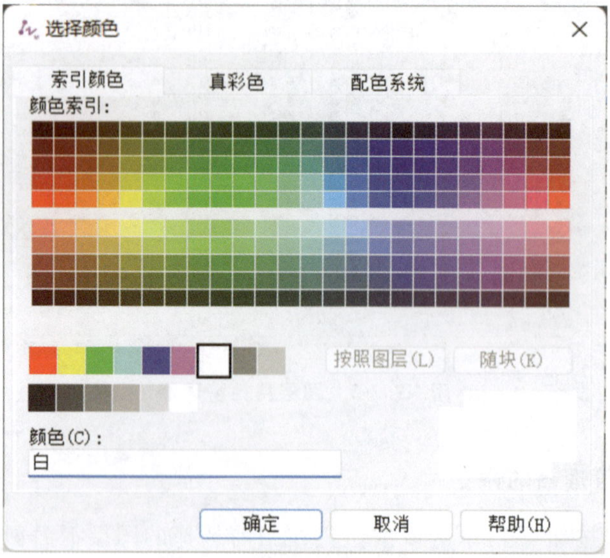

图 K903-3　选择颜色对话框

(10) 索引颜色："索引颜色"面板中提供了一系列标准颜色、灰度阴影和全色调色板。标准颜色是中望 CAD 提供的原始颜色，这是最常使用的颜色，其优点是每一种颜色都很容易同其他的颜色相区别。这些颜色拥有自己的名称和编号，而其他的颜色只有一个编号(索引号)。这些标准颜色有红(1)、黄(2)、绿(3)、青(4)、蓝(5)、洋红(6)和白色(7)。

(11) 真彩色：在"真彩色"面板中可以定义任意颜色，定义前需要从"颜色模式"下拉列表中选择颜色模式，有两种选择，一种是 HSL 模式，H 表示定义色调，也就是颜色的光波长度，S 表示定义饱和度，也就是颜色的纯度或强度，L 表示定义亮度，也就是颜色的光亮程度，如图 K903-4(a)所示；另一种是 RGB 模式(红、绿、蓝)，根据颜色的红、绿、蓝强度定义颜色，如图 K903-4(b)所示。

(12) 配色系统：在配色系统面板中显示了配色系统中的所有颜色，如图 K903-5 所示。这个配色系统是用于定义颜色的文件。

(13) 线型：用于设置图层的线型，单击线型名称将打开选择线型对话框，在该对话框中可以为图层选择线型，如果没有需要的线型，可以通过单击"加载"按钮加载线型，

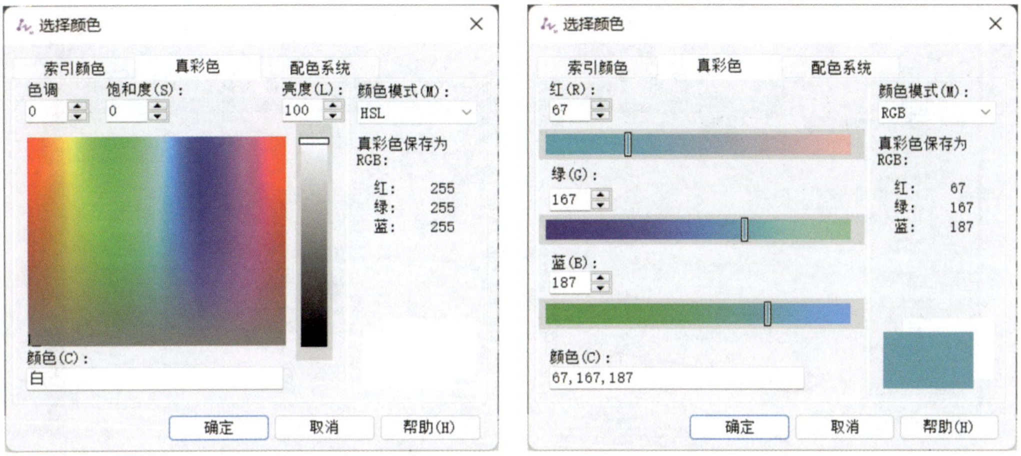

(a) 选择1　　(b) 选择2

图 K903-4　选择颜色对话框“真彩色”选项

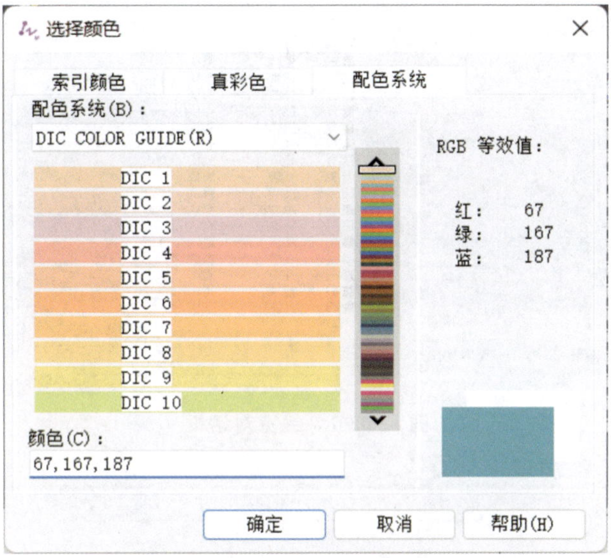

图 K903-5　选择颜色对话框“配色系统”选项

如图 K903-6 所示。

(14) 线宽:用于设置线型的宽度,单击线宽名称将打开线宽对话框,如图 K903-7 所示。

(15) 透明度:用于设置图层的透明度,取值范围为 0～90,如图 K903-8 所示。

(16) 打印:控制是否打印图层中的对象,允许打印时按钮呈■显示,禁止打印时按钮呈■显示。

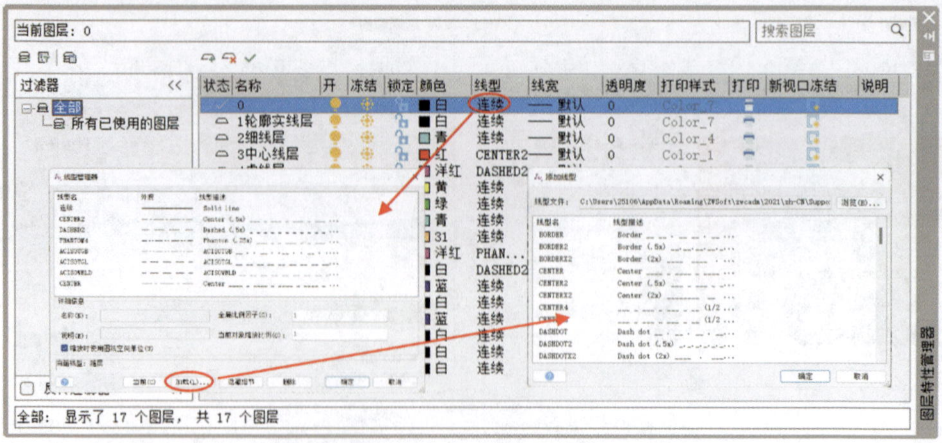

图 K903-6　线型选择对话框

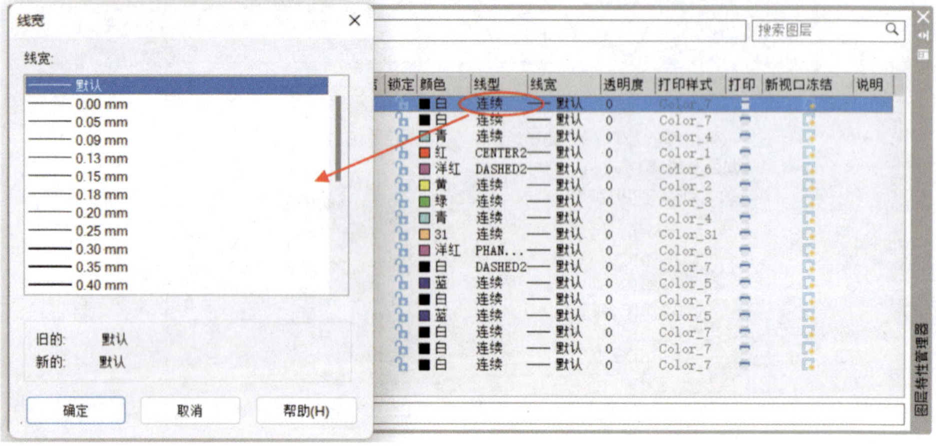

图 K903-7　线宽对话框

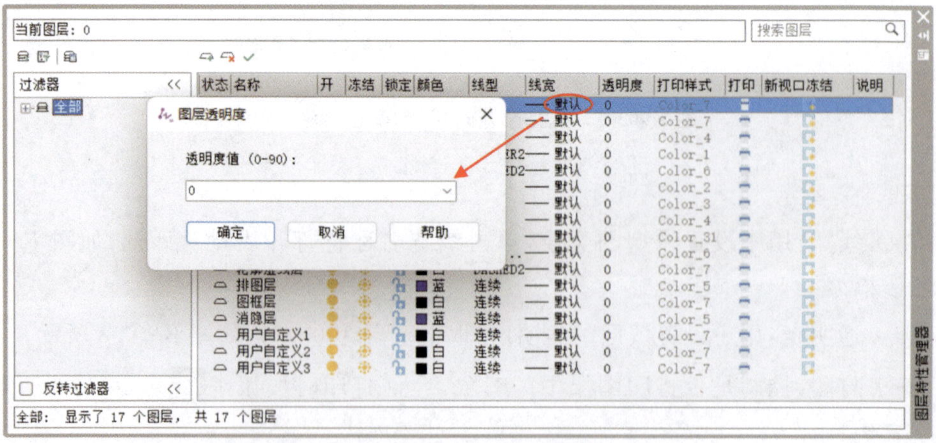

图 K903-8　透明度对话框

链接知识 K904　删除、移动

1. 对象选择

对图形进行编辑时，首先要做的就是确定编辑对象，这就涉及对象的选择。试想，如果不选择要修改的图形对象，那么系统如何知道你想修改什么呢？

(1) 选择对象。

中望 CAD 为对象的选择提供了如下两种操作方式。

① 先选择图形再执行编辑命令，用这种方式选中的图形以夹点的形式显示，如图 K904-1 所示。

② 先执行命令再根据命令提示选择图形，用这种方式选中的图形以虚线的形式显示，如图 K904-2 所示。

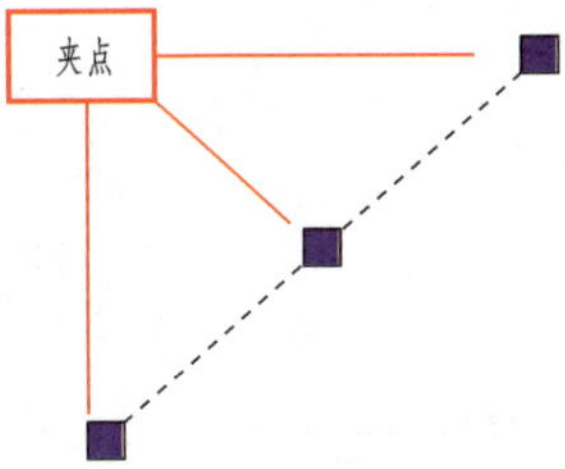

图 K904-1　先选择

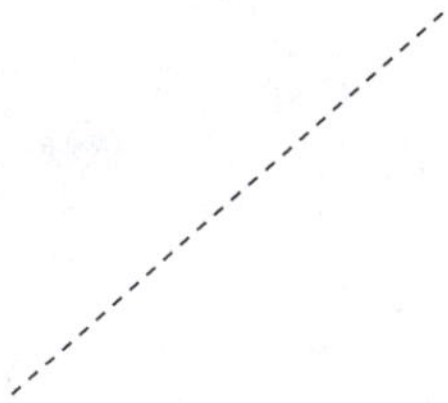

图 K904-2　先执行命令

(2) 选择图形的多种方式。

中望 CAD 没有为选择对象提供专门的工具或命令，但可以通过鼠标左键直接进行选择，并且提供了多种选择方法。

① 单选：将鼠标光标移动到一个图形对象上，该图形会亮显，此时如果单击鼠标左键，将选中这个图形，如图 K904-3 所示。选中的图形以虚线的形式显示，并且图形上会出现多个蓝色的小方框，这是图形的夹点，一般只有在图形的关键点位置上才会出现夹点。如果要选择多个图形，可以连续在不同的图形上单击鼠标左键。

② 框选：对于选择多个图形对象的情况，如果挨个去单击选择，势必要耗费很多时间，于是中望 CAD 提供了“框选”方式，也就是用光标拖曳出一个矩形框来进行选择，但需注意的是，拖曳要分为两种形式。

(a) 从左上往右下拖曳，此时矩形框呈蓝色显示，只有完全位于框内的图形才能被选中，如图 K904-4 所示，只有直线被选中。

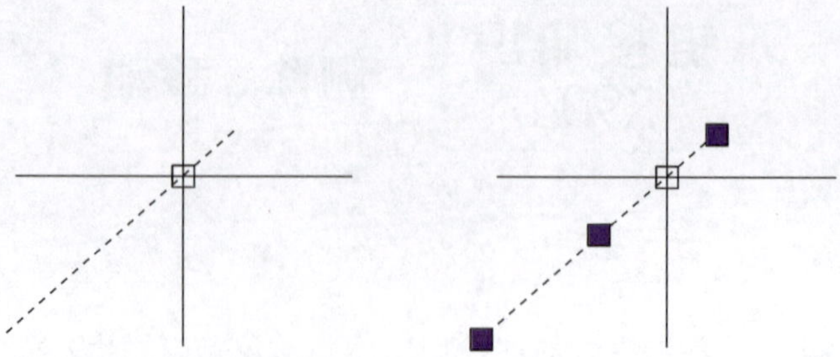

将光标置于对象上　　　　单击左键选中后

图 K904-3　单选

(b) 从右下往左上拖曳，此时矩形框呈绿色显示，只要图形有一部分被框中即可被选中，如图 K904-5 所示，直线和圆同时被选中。

从左上往右下拖曳　　　　单击左键选择

图 K904-4　从左上往右下拖曳选择

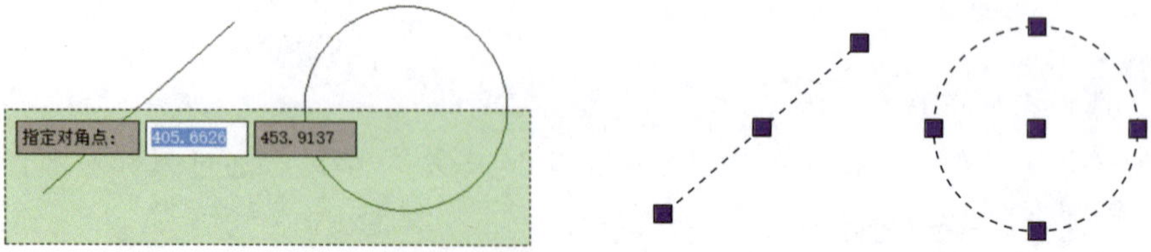

从右下往左上拖曳　　　　单击左键选择

图 K904-5　从右下往左上拖曳选择

③ 减选：用框选的方式选择图形时容易选择多余的图形，此时就需要取消对这些多余图形的选择，按住 Shift 键的同时单击误选图形，就可取消选择。

④ 全选：全选是指选择屏幕上显示的所有图形。如果是先选择图形再执行命令，那么直接按 Ctrl＋A 组合键即可。如果是先执行命令再选择图形，那么执行命令后，在“选择对象：”提示符后面输入 ALL 并回车。

⑤ 窗口选择：窗口选择属于框选的一种，其通过指定对角线的两个端点来定义矩

形选择区域，这种选择方式下，无论是从左上往右下拖曳矩形框，还是从右下往左上拖曳矩形框，都只有完全位于选择区域内的图形被选中。这种方式只能应用于先执行编辑命令再选择对象的方式，需要在“选择对象提示符”后面输入 W 并按回车键。

（3）设置选择集。

中望 CAD 2021 为了方便绘图，提供了多种选择设置，可以通过执行“工具→选项”菜单命令打开“选项”对话框，然后在“选择集”选项卡中进行这些设置，如图 K904-6 所示。

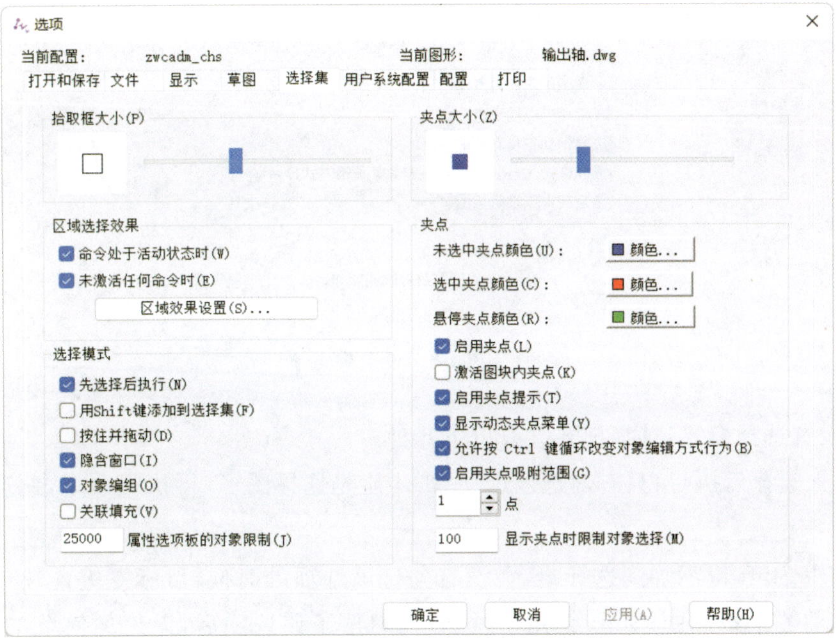

图 K904-6　“选项”对话框中的“选择集”选项卡

① 拾取框大小：执行编辑命令后，如果没有选择任何对象，命令行将提示选择对象，此时光标将变为一个方框，这个方框就是拾取框。

在“选择集”选项卡中，通过左右移动“拾取框大小”参数的滑块，就可让拾取框缩小或放大，如图 K904-7 所示，左边的拾取框为系统默认大小，右边的拾取框是设置为最大时的大小。

图 K904-7　设置拾取框的大小

② 设置夹点：与拾取框一样，夹点的大小也是可以调整的。另外，还可以自定义夹

点的颜色，如图 K904-8 所示。

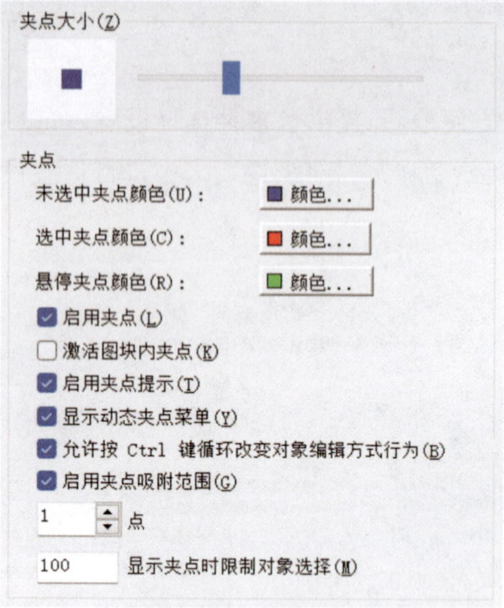

图 K904-8　设置夹点

③ 设置选择模式：选择模式共有以下几种。

(a) 先选择后执行：只有勾选该选项后，才能先选择图形，再执行命令，此选项默认为勾选状态。

(b) 用 Shift 键添加到选择集：在没有勾选该选项的时候，鼠标左键连续单击多个图形可以将它们都选中，Shift 键用于减选；而勾选了该选项后，无论如何单击，都只能选中最后拾取的那一个图形，要添加则要按住 Shift 键不放同时进行选择。

(c) 按住并拖动：该参数实际意义并不大，不推荐勾选。

(d) 隐含窗口：该选项被选中时(此为默认设置)，从左向右定义选择窗口，可使完全位于选择窗口内的所有图形被选中；而从右向左定义选择窗口，则可使完全位于选择窗口内及与窗口相交的所有图形被选中。该选项未选中时，无法进行框选，只能使用窗口或交叉选择法生成选择窗口。

(e) 对象编组：打开或者关闭自动组选择。打开时，选择组中的任意一个对象就相当于选择了整个组。

(f) 关联填充：该选项应用于封闭图形及其内部的填充图案，勾选该选项时，在封闭图形和填充图案中选择其一即可将两者都选中；而关闭该选项后，选择一个对象的同时不能选中另一个对象。

2. 删除对象

与选择对象相比，删除对象的过程要简单得多，在中望 CAD 中，删除对象有以下两种方式。

在没有执行命令的情况下，选中需要删除的对象，然后按键盘上的 Delete 键或单击“修改”工具栏中的“删除”按钮之。

在没有选中任何对象的情况下，单击“修改”工具栏中的“删除”按钮，然后根据命令提示选择需要删除的对象，接着按回车键确认删除。

3. 移动图形

移动是将一个图形从现在的位置挪动到一个指定的新位置，图形大小和方向不会发生改变。使用 Move（移动）命令可以移动图形，需要指定对象将要移动的方向和距离。

要移动一个对象，首先要选择该对象，然后再单击“修改”工具栏上的“移动”按钮；或者先单击“移动”按钮，然后再选择需要移动的对象。

现在可以通过两种方法来指定如何移动对象。

位移法：在系统提示下，使用（X，Y）形式的坐标，例如（2，3），或者极轴坐标，例如 2＜60，指定完整的位移。而且由于位移一词隐含相对于对象的距离的意思，因此在这里不需要使用@符号。Move（移动）命令能够记住某次会话过程中最近一次的位移值，如果想要使用与刚移动的另一个对象相同的位移值来移动对象，只需在出现“指定基点或［位移（D）］＜位移＞：”提示后按回车键即可，此时将出现如图 K904-9 所示的命令提示，尖括号中的值就是上一次所使用的位移值，再次按回车键就会按此值移动对象。

图 K904-9　位移坐标

基点/第二点法：在“指定基点或［位移（D）］＜位移＞：”提示出现后，拾取一个基点。基点可以是图形中的任意一点，但通常位于所要移动的对象上或附近。然后在出现“指定第二个点或＜使用第一个点作为位移＞：”提示后，在屏幕上拾取另一点或用输入相对坐标的方法指定移动的距离和角度。如果已经开启动态输入功能并默认设置为相对坐标，那么在输入坐标值时就不需要在前面加@前缀符号。

“位移法”需要输入的数据很少，而且在知道确切位移值的情况下，使用这种方法直接输入也比较简单。它唯一的缺点是，输入位移时，屏幕上会出现一条容易使人混淆的临时拖动线和所选对象的副本，这时不要去管它，直接按回车键，对象就会按指定的位置移动。想要相对于屏幕上的其他对象移动一个对象时，“基点/第二点法”是最佳的选择。使用“基点/第二点法”时可以利用极轴捕捉来移动对象。

链接知识 K905 尺寸标注

1. 尺寸标注的组成

一个完整的尺寸标注由尺寸线、尺寸界线和标注文本等几部分组成。

图 K905-1　尺寸标注的类型

尺寸线：尺寸线是两端带箭头的直线，通常与所标注的对象平行，位于两条尺寸界线之间。

尺寸界线：尺寸界线位于尺寸线两侧，并与尺寸线相垂直，用于表示标注的界限。

标注文本：标注文本是尺寸线上显示的文本，用户可以自定义文本的格式和内容。

2. 尺寸标注的类型

中望 CAD 2021 的尺寸标注功能非常强大，如图 K905-1 所示，可标注的类型主要包括长度、角度、直径/半径、弧长、坐标、引线、公差及表面粗糙度等。

3. 线性标注

正如直线是最普通的对象一样，线性标注也是最常见的标注形式，如图 K905-2 所示。线性标注可用于标注直线段，也可用于标注弧的弦长（不是周长），以及圆的直径。要标注一条直线，首先需要执行“标注→线性”菜单命令或单击“标注”工具栏中的“线性”按钮，此时有两种方法可用于进行标注：① 通过拾取两个尺寸界线原点定义标注的长度；② 通过选择需要标注的对象来标注尺寸。

图 K905-2　线性标注

使用“选择对象”选项可以得到最精确的结果。如果未使用“选择对象”选项，则一定要使用对象捕捉，以力求精确。当绘图区域内没有任何对象时，可以通过任意拾取两个尺寸界线原点的方法来标注一段距离。

无论是使用哪种方法标注图形，在选择标注对象或指定尺寸界线原点后，接下来就需要指定尺寸线位置或通过如图 K905-3 所示的选项来选择相应的操作。

指定尺寸线位置或[多行文字(M)/文字(T)/角度(A)/水平(H)/垂直(V)/旋转(R)]:

图 K905-3　尺寸标注选项

4. 对齐标注

当要标注一个非正交的线性对象时，需要使用对齐标注。对齐标注的尺寸线总是平行于对象，类似于 Dimlinear(线性)命令的“旋转”选项，不过在使用上比“旋转”选项更方便。一个典型的对齐标注如图 K905-4 所示。

要创建对齐标注，首先需要执行“标注→对齐”菜单命令或单击“标注”工具栏中的“对齐”按钮。

5. 圆弧和圆标注

在标注圆弧或圆时，实际测量的是其半径或直径的长度。通常都要对圆弧和圆的中心进行标记，以便明确正在测量的对象。圆弧和圆标注在机械制图中极为常用。

(1) 标记圆弧和圆的圆心。

由于圆心是圆或圆弧的一个重要特性，所以尽管它不可见，但是在机械制图中通常还是需要将它标记出来，如图 K905-5 所示。

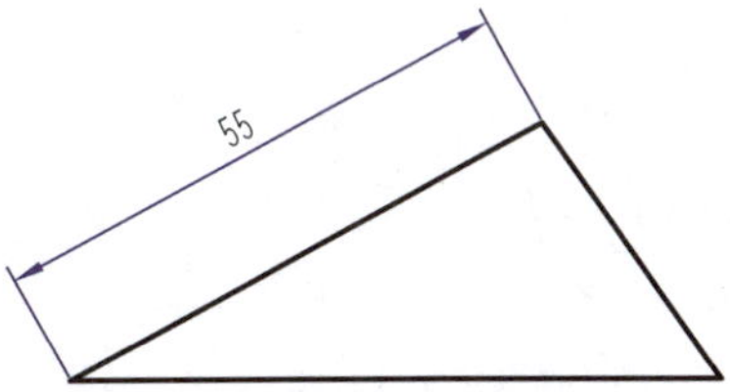

图 K905-4　对齐标注

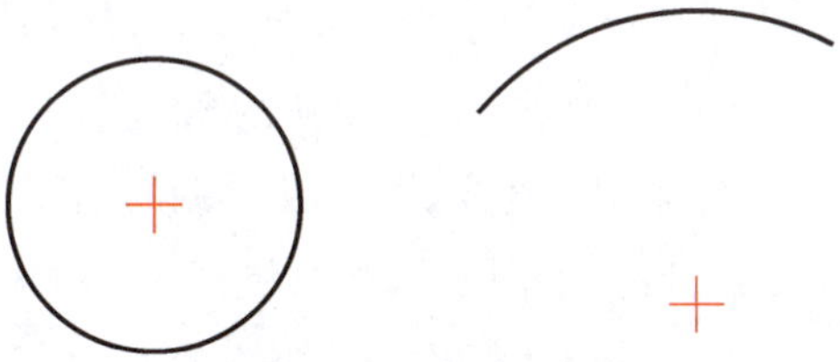

图 K905-5　圆心标记

要创建圆心标记，只需执行“标注→圆心标记”菜单命令或单击“标注”工具栏中的“圆心标记”按钮，然后选择圆或圆弧即可。

(2) 半径标注。

Dimradius(半径)命令用于测量指定圆或圆弧的半径，在半径标注的文本前面将显示半径符号。

半径标注有两种方式，一种是标注在圆或圆弧内部，另一种是标注在圆或圆弧外部，如图 K905-6 所示。

要创建半径标注，需要执行“标注→半径”菜单命令或单击“标注”工具栏中的“半径”按钮，然后选中要标注的圆弧，接着指定尺寸线的位置即可。

（3）直径标注。

Dimdiameter（直径）命令用于测量指定圆或圆弧的直径，在直径标注的文本前面将显示直径符号。同半径标注一样，直径标注也可以标注在圆或圆弧的内部和外部，如图 K905-7 所示。

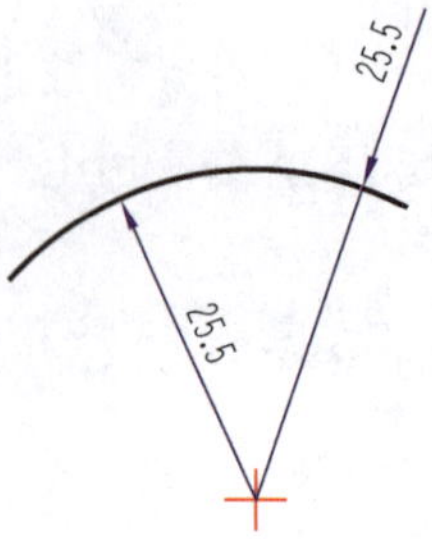

图 K905-6　半径标注

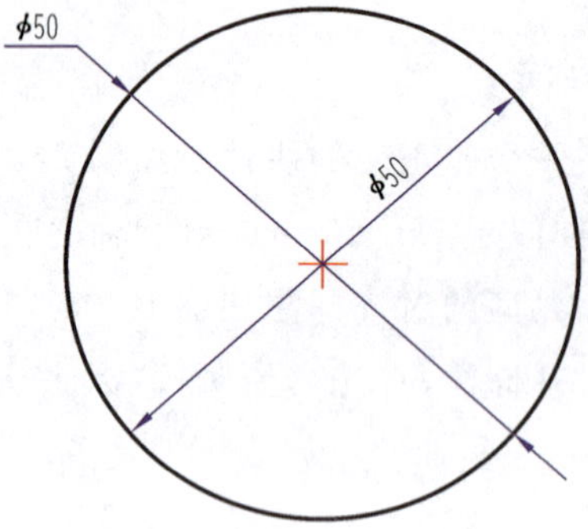

图 K905-7　直径标注

要创建直径标注，需要执行“标注→直径”菜单命令或单击“标注”工具栏中的“直径”按钮。直径标注方法与半径标注方法完全一致。

6. 角度标注

角度标注是指测量两条非平行线之间的角度，执行“标注→角度”菜单命令或单击“标注”工具栏中的“角度”按钮可以创建角度标注。

（1）标注直线、圆或圆弧的角度。

如果要标注直线、圆或者圆弧的角度，按下列步骤进行操作。

步骤 1：在绘图区域内绘制两条不平行的相交直线，如图 K905-8 所示。

步骤 2：执行“标注→角度”菜单命令，然后根据命令提示标注两条直线之间的角度，标注效果如图 K905-9(a)所示。

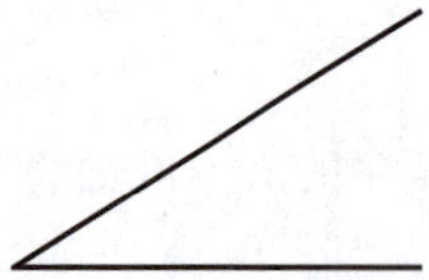

图 K905-8　相交直线

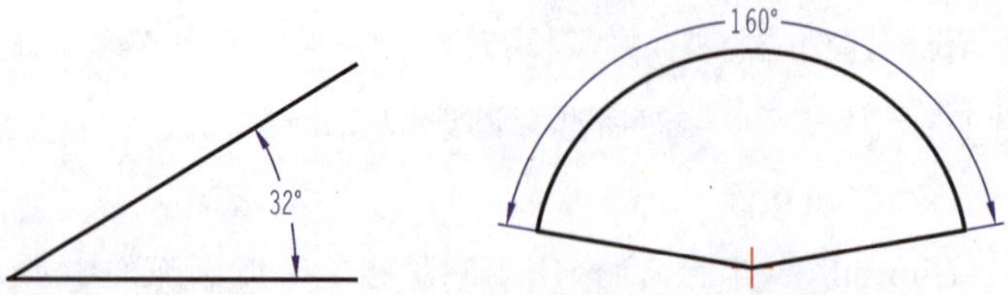

图 K905-9　角度标注

步骤 3：在视图中再绘制一段任意长度的圆弧，然后单击“标注”工具栏中的“角度”按钮标注该段圆弧，如图 K905-9(b)所示。

(2) 标注内角、外角和补角。

两条直线相交时，会产生两种角——内角和外角。小于 180°的角为内角，大于 180°的角为外角。还可以标注补角，即 180°和内角之间的角度，如图 K905-10 所示。

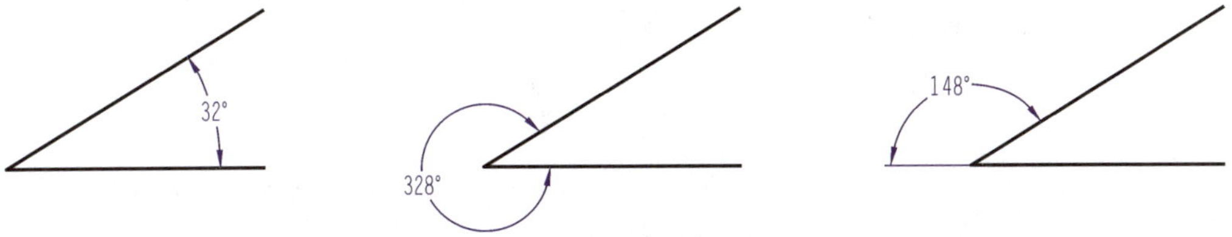

图 K905-10　内角、外角和补角标注

下面介绍如何标注每种类型的角度。首先启动 Dimangular(角度)命令，此时系统提示“选择圆弧、圆、直线或＜指定顶点＞：”。

要标注内角，首先选取两条线。在“指定标注弧线位置或[多行文字(M)/文字(T)/角度(A)/象限点(Q)]：”提示出现后，在内角的内部放置标注弧线。

要标注外角，在不选取直线的情况下按回车键，然后根据命令提示选取角的顶点及两条直线。在“指定标注弧线位置或[多行文字(M/文字(T)/角度(A)象限点(Q]：”提示出现后，把标注弧线放置于角的外面。

要标注补角，首先选取两条直线，然后在系统提示“指定标注弧线位置或[多行文字(M/文字(T)/角度(A)Y 象限点(Q]：”出现后，把标注弧线放置于角的外面。

可以看到，指定角度的方式以及标注弧线的放置位置决定了要测量哪种角。

7. 快速标注

利用快速标注功能可以一次标注几个对象。可以使用快速标注创建基线、连续和坐标标注，也可以对多个圆和圆弧进行标注。快速标注看起来好像是万能的，实则不然，并不是每种情形下该命令都适用。当然，在“大规模生产”环境下，它还是很有用的。

由 Qdim(快速标注)命令建立的标注对象是完全相关联的，也就是说，对对象进行任何修改，标注都会随之改变。

要实现对图形的快速标注，可以执行“标注→快速标注”菜单命令或单击“标注”工具栏中的“快速标注”按钮。

8. 几何公差标注

如果零件在加工时所产生的形状误差和位置误差过大，将会影响机器的质量。

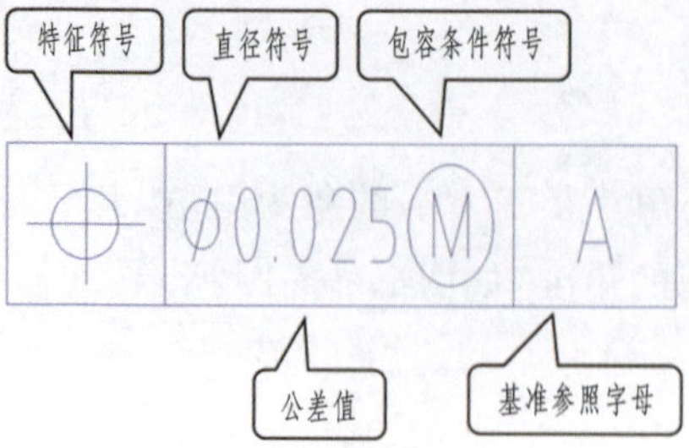

图 K905-11　几何公差

因此，对于有较高要求的零件，必须根据实际需要，在图纸上标注出相应表面的形状误差和相应表面之间的位置误差的允许范围，即标出表面形状和位置公差，简称几何公差，如图 K905-11 所示。

要标注几何公差可以按以下步骤进行操作。

步骤 1：执行“标注→公差”菜单命令打开“几何公差”对话框。

步骤 2：定义好公差的形位特征符号、公差值等，执行“标注→公差”菜单命令或在“标注”工具栏中单击“公差”按钮，打开如图 K905-12 所示的几何公差对话框。

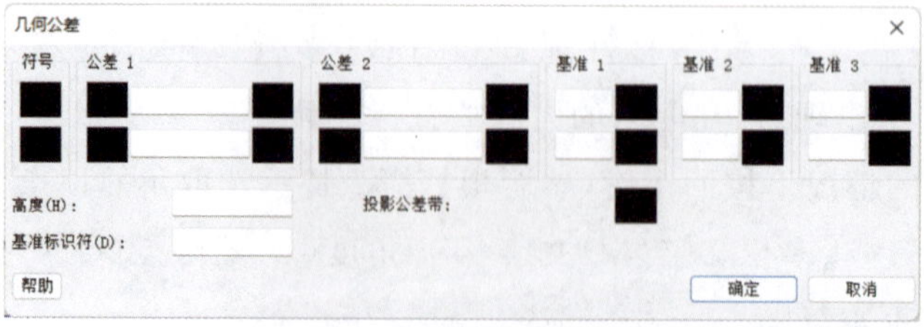

图 K905-12　几何公差对话框

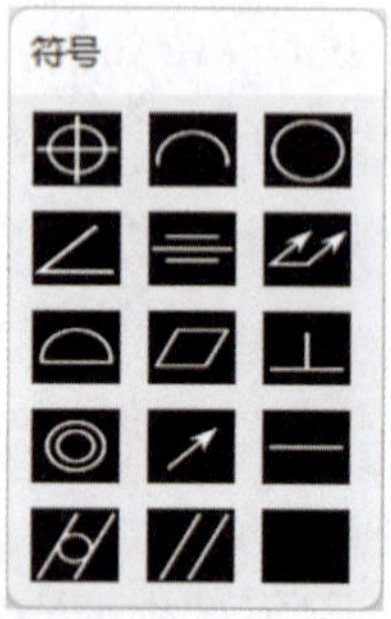

图 K905-13　几何公差符号

步骤 3：单击“确定”按钮返回绘图区域，此时定义的几何公差将出现在光标附近，在绘图区域内单击拾取一点将其插入。

在中望 CAD 中，使用 Tolerance(公差)命令可以创建几何公差标注。此命令可创建定义公差的功能控制框架，这种指示公差的方法符合国际标准。

(1) 符号：设置公差标注的特征符号，单击黑色小方块将打开“特征符号”对话框，如图 K905-13 所示。中望 CAD 向用户提供了 14 种常用的几何公差符号。当然，也可以自定义公差符号，常用的方法是通过定义块来定义基准符号或粗糙度符号。

(2) 公差 1/公差 2：用于设置公差的直径符号、公差值和附加符号，如图 K905-14 所示。

(3) 基准 1/基准 2/基准 3：用于设置基准参照字母。

(4) 高度：创建特征控制框中的投影公差零值，投影公差带控制固定垂直部分延伸区的高度变化，并以位置公差控制公差精度。

(5) 基准标识符：创建由参照字母组成的基准标识符。

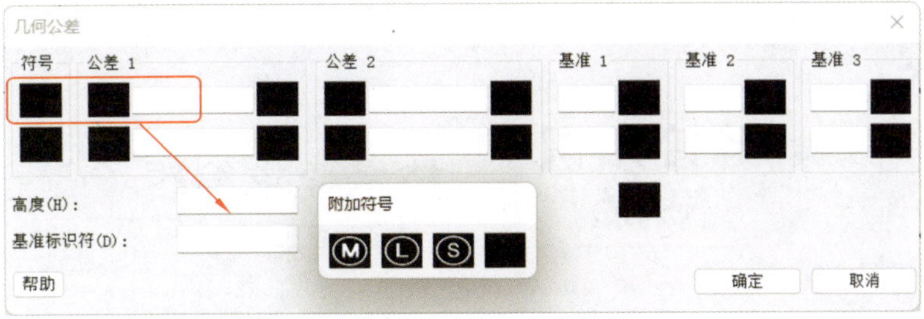

图 K905-14　附加符号

9. 表面粗糙度标注

如果在加工零件时所产生的粗糙度误差过大，将会影响机器的稳定性。因此，对于有较高要求的零件，必须根据实际需要，在图纸上标注出相应表面粗糙度的误差允许范围，即标出表面粗糙度公差，如图 K905-15 所示。

在中望 CAD 中，使用 ZWMSURFSYM（粗糙度）命令可以创建粗糙度标注。此命令可创建定义公差的功能控制框架，这种指示公差的方法符合国际标准。

执行“机械→符号标注”菜单命令或在“机械”工具栏中单击“粗糙度”按钮，打开如图 K905-16 所示的粗糙度对话框。

要标注粗糙度公差可以按以下步骤进行操作。

步骤 1：执行“机械→符号标注”菜单命令打开“粗糙度”对话框。

步骤 2：定义好粗糙度的基本符号、公差值等，如图 K905-16 所示。

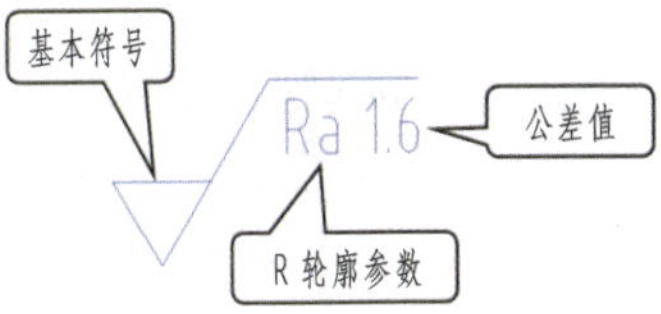

图 K905-15　表面粗糙度

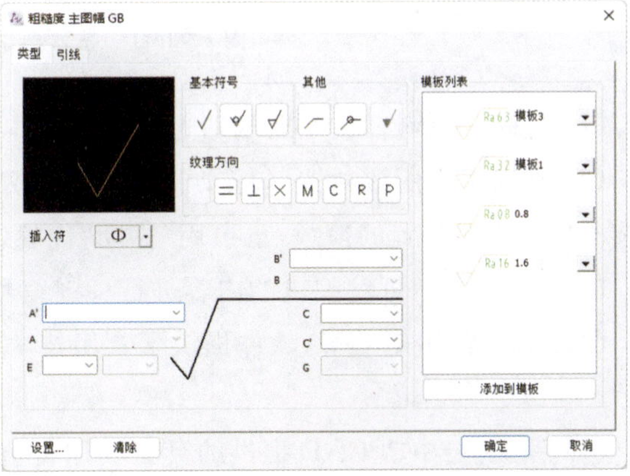

图 K905-16　粗糙度对话框

步骤 3：单击“确定”按钮返回绘图区域，单击一下左键后，此时定义的粗糙度公差将出现在光标附近，在绘图区域内单击拾取一点将其插入。

链接知识 K906 技术要求编辑

一个图形中总是有技术要求的。使用技术要求编辑命令可创建技术要求并精确地调整其在图形中的位置。

使用默认值的字体、高度等参数创建技术要求非常简单。执行“机械→文字处理→技术要求”菜单命令，即可启动 ZWMTECHREQUEST 命令(技术要求)，如图 K906-1 所示。下面我们将逐一介绍各命令。

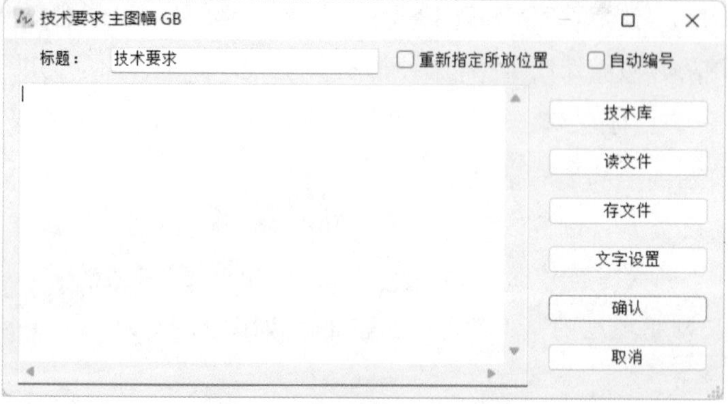

图 K906-1　技术要求对话框

(1) 标题：默认是“技术要求”，也可根据具体情况重新更改。

(2) 重新指定所放位置：勾选“重新指定所放位置”后，单击“确认”便可重新确定指定技术要求内容位置的摆放，也可用“移动”代替。

(3) 自动编号：可对编辑的内容进行一键编号，简化操作。

(4) 技术库：中望 CAD 软件提供了常用技术要求的参考，可直接调用，如图 K906-2 所示。

(5) 读文件：中望 CAD 提供的具有实用价值的技术库，如图 K906-2 所示，可用于选择。

(6) 存文件：可根据工作性质的要求定制专属的技术要求文件，单击“存文件”按钮可保存至技术库内，使用时单击“读文件”按钮调用。

(7) 文字设置：可对标题文字高度、文字高度、线宽比例、倾斜度、行间距、文字样式进行设置，如图 K906-3 所示。

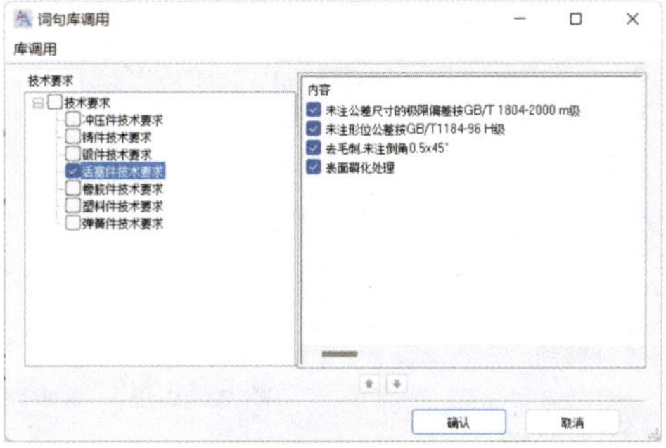

图 K906-2　技术库 1

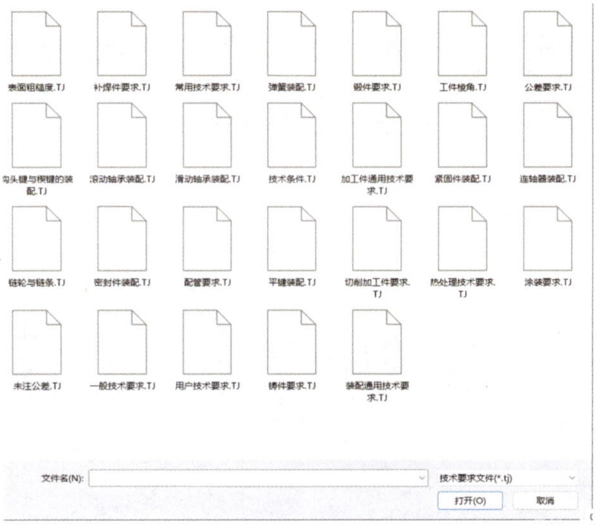

图 K906-3　技术库 2

如果要创建技术要求,可以按以下步骤进行操作。

步骤 1:执行"机械→文字处理"菜单命令打开"技术要求"对话框。

步骤 2:定义好技术要求的内容,如图 K906-4 所示。

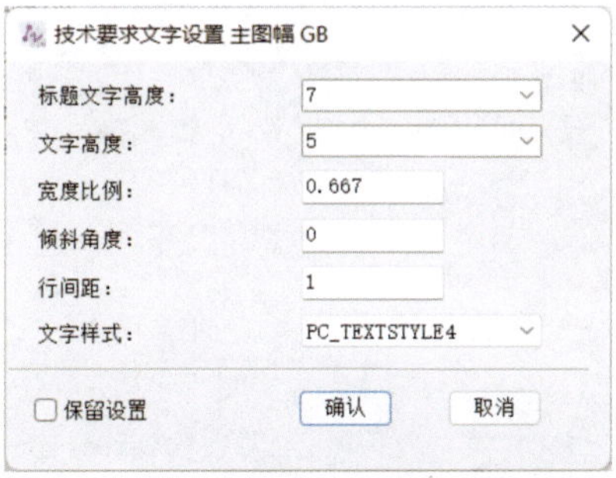

图 K906-4　文字设置

步骤 3：单击“确认”按钮返回绘图区域，根据提示“文字范围的左上角点：”选定位置单击左键，再根据提示“[左对齐(L)/居中(M)]〈居中(M)〉：”选定宽度单击左键，在绘图区域内将其插入。

技术要求的书写如图 K906-5 所示。

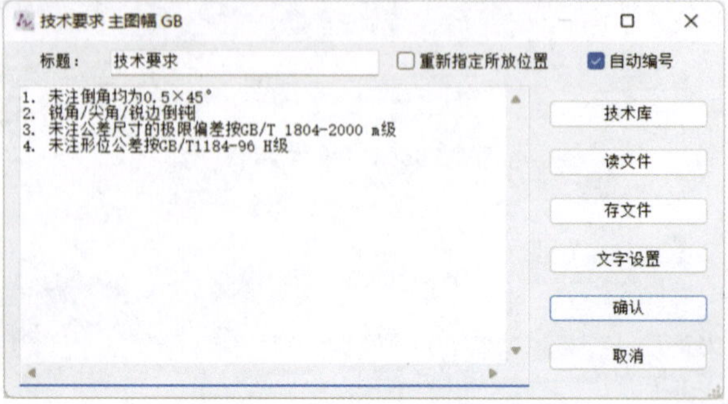

图 K906-5 技术要求的书写

链接知识 K907　输出 PDF 文档

1. 打印对话框各命令

图 K907-1 所示的是中望 CAD 2021 默认的打印对话框，在输出 PDF 文档前，先学习各部分的功能。

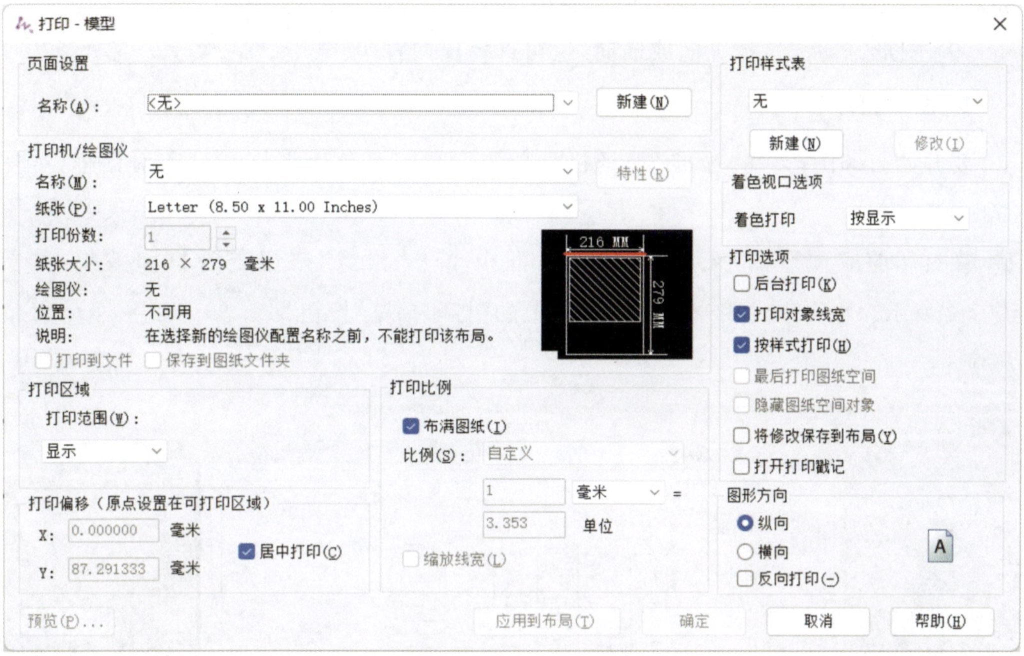

图 K907-1　打印对话框

（1）打印机/绘图仪名称。从下拉列表中选择一个打印机或绘图仪。

（2）纸张。从下拉列表中选择一个尺寸。

（3）打印区域。默认情况下打印布局，但是也可设置打印当前显示、图形范围、一个命名的视图或一个指定的窗口。

（4）打印偏移。可相对于图纸的左下角偏移打印，指定 X 和 Y 方向的偏移量，如果不打印布局，而只打印某个较小的区域，可选中“居中打印”选项使其处于图纸的中间。

（5）打印比例。从下拉列表中选择打印比例，也可在文本框中输入一个比例(通常不必定义布局的比例）。典型的图纸空间布局为 1∶1。如果使用线宽，并要缩放它们，可选中“缩放线宽”选项。

（6）打印样式表。可按需要选择一个打印样式表。

（7）着色视口选项。使用这个功能可以决定“模型”选项卡显示的效果。选择下列显示选项中的一种：按显示、线框、消隐、三维隐藏、三维线框、概念、真实、渲染、草稿、低、中、高或演示。也可以选择一个质量（分辨率）——草稿、预览、常规、演示、最大或自定义。

（8）打印选项。若使用线宽，但不想线宽被绘制出来，则可以不选中“打印对象线宽”选项。若对图层或对象指定了打印样式，但不想绘制它们，则不选中“按样式打印”选项。要想先在图纸空间布局上绘制对象，则不选中“最后打印图纸空间”选项。选中“隐藏图纸空间对象”选项可以隐藏在图纸空间中创建的三维对象的线条。

（9）图形方向。选择纵向或横向，也可选择反向打印。

2. 图形打印

要开始打印图形，在“标准”工具栏上单击“打印”按钮 ，打开打印对话框，如图 K907-1 所示。

在打印前应预览图形。在打印对话框中单击“预览”按钮查看打印效果，如图 K907-2 所示。也可以使用“标准”工具栏上的“打印预览”按钮 。

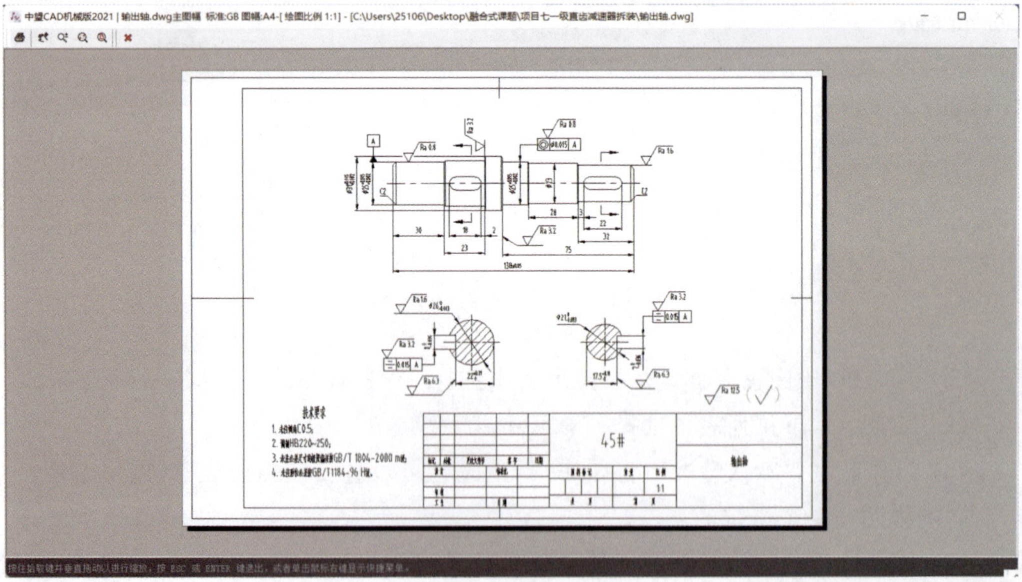

图 K907-2　打印预览

在预览界面中单击右键可以打开一个快捷菜单，可以从该菜单中选择打印、缩放、平移或者退出预览等操作，如图 K907-3 所示。打印图形按以下步骤进行操作。

步骤 1：在“打印机/绘图仪”参数栏中选择一个打印设备，如图 K907-4 所示。

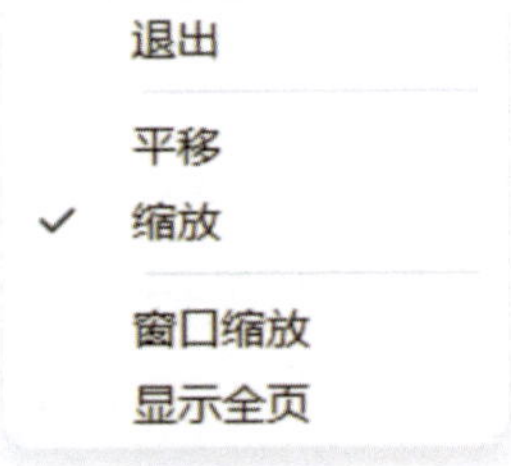

图 K907-3　快捷菜单

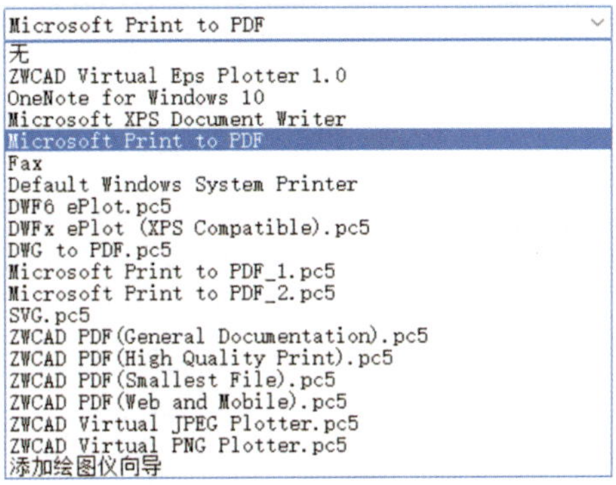

图 K907-4　打印设备名称

步骤 2：在“图纸尺寸”下拉列表中选择一个合适的图纸尺寸打印当前图形，如图 K907-5 左图所示。

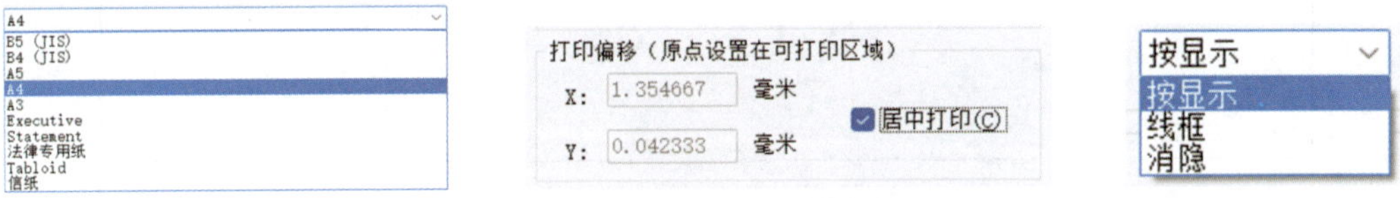

图 K907-5　图纸输出 PDF 文档步骤

步骤 3：设置打印区域。

步骤 4：如果需要，可以设置打印区域相对于可打印区域左下角或图纸边界的偏移距离，如图 K907-5 中图所示。

步骤 5：设定打印比例。

步骤 6：调整图形打印方向。

步骤 7：如果需要，可以设定着色打印，如图 K907-5 右图所示。

步骤 8：单击“预览”按钮查看打印效果，如果没有需要调整的内容，单击“确认”按钮开始打印。

链接知识 K501 装配设计界面

1. 装配设计界面

图 K501-1 所示的是中望 3D 2022 新建文件后点击红圈装配后的装配设计界面，图中对各个部分作了标示。在深入学习各部分功能之前，还需要多熟悉一下中望 3D 2022 的装配设计界面。

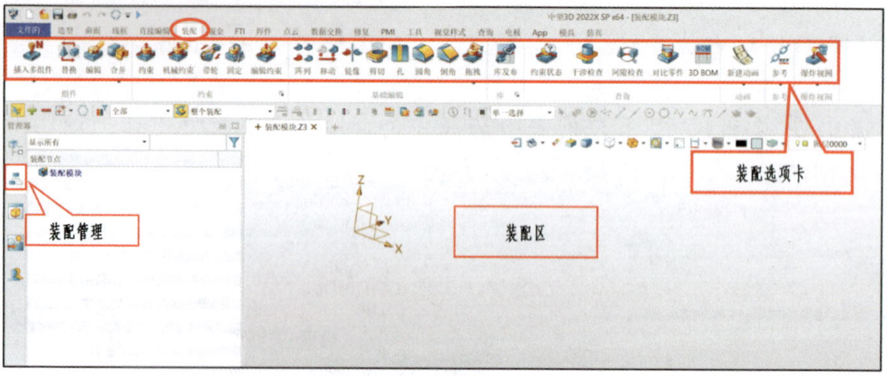

图 K501-1　装配设计界面

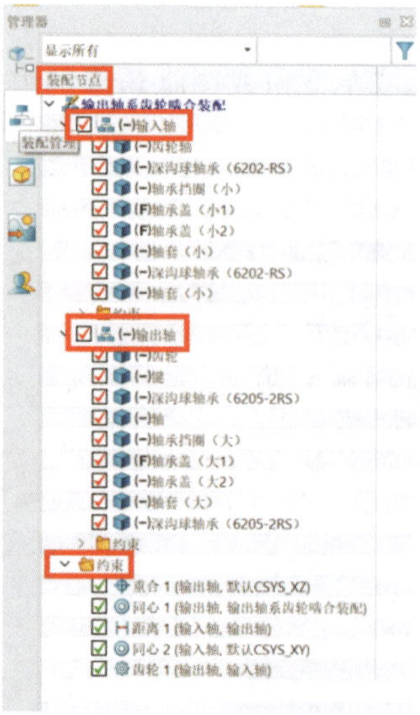

图 K501-2　装配管理

2. 装配管理

装配管理也称为装配节点，如图 K501-2 所示，例如一个装配好的文件中主要包括：总装配体、子装配体、各零部件部及装配约束记录。在装配管理器中可以对装配体或单独的零件进行组成子装配体、隐藏/显示和修改已有装配约束参数操作。

（1）装配区。

以一个装配好的输出轴系为例，如图 K501-3 所示，装配区是用于将数字模型放置于此区域，并进行装配操作的工作区。

（2）装配选项卡。

如图 K501-4 所示，装配选项卡包含组件、约束、基础编辑、库、查询、动画、参考、爆炸视图等面板，用于对装配体和零件进行装配操作。

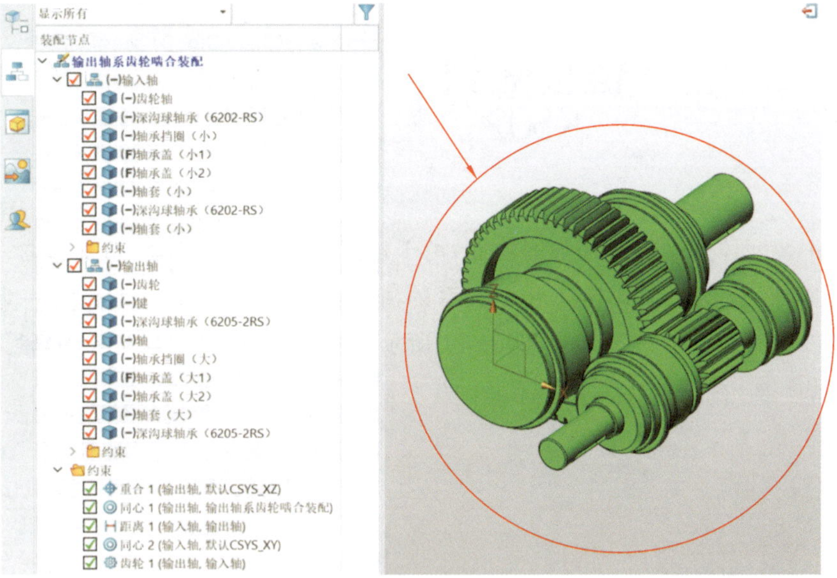

图 K501-3　装配区

图 K501-4　装配选项卡

链接知识
K501
装配设计界面

链接知识 K502 装配管理

组成子装配体是装配管理中的功能，由于机械包含机构与机器，机器包含一个或多个机构，当零件很多的时候，为了装配关系的清晰，把不同的机构先装配在一起再进行总装配可以提高装配的效率，如图 K502-1 所示，输出轴系齿轮啮合装配中，输入轴和输出轴前面的“ ”图标就表示它是子装配体。

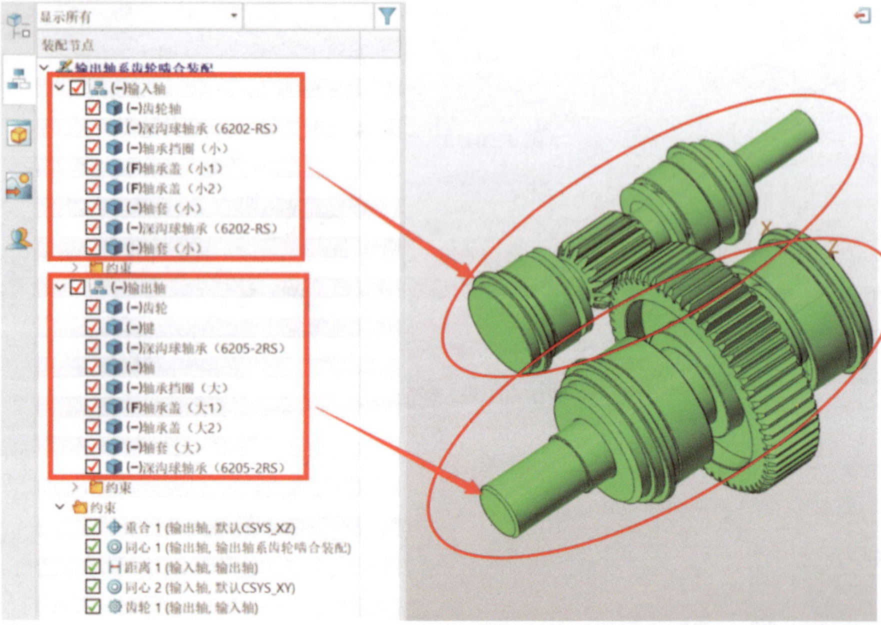

图 K502-1　组成子装配体

当需要装配很多零件的机构时，可以分不同的构件先组成子装配体，组成子装配体的操作过程如表 K502-1 所示。

隐藏与显示功能通过装配管理中零件前的“☑”符号实现，可控制零件或进行构件的隐藏与显示，可以方便观察被挡住的零件，提高装配效率。隐藏与显示的用法有两种，如表 K502-2 所示。

表 K502-1　组成子装配体操作过程

软件操作要点	软件操作简图
右图所示的是全部输出轮系的全部零件，我们需要将这些零件分为两个构件，分别是输出轴和输入轴。	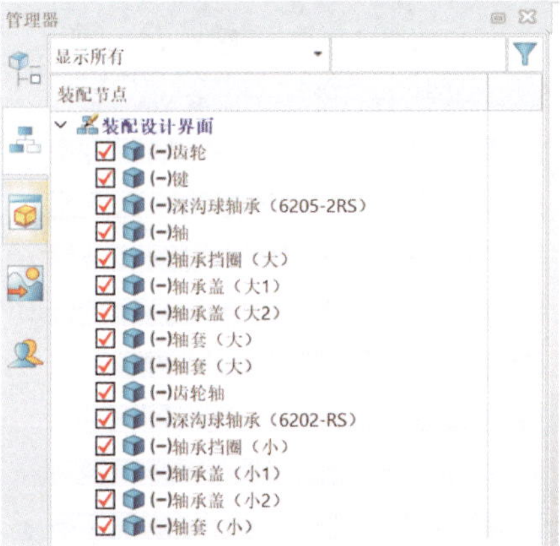
长按键盘上的“Ctrl”点击每一个选项（或长按“Shift”点击第一个和最后一个选项），如右图红框中的输出轴零件所示。	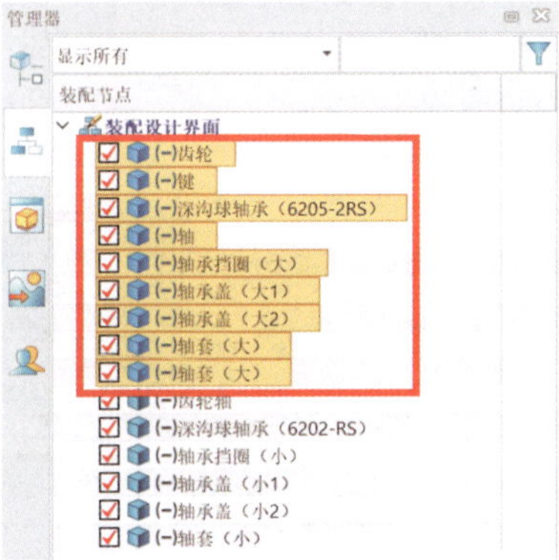
右键单击其中任意被选中的零件，出现右键快捷菜单，单击“组成子装配体”。	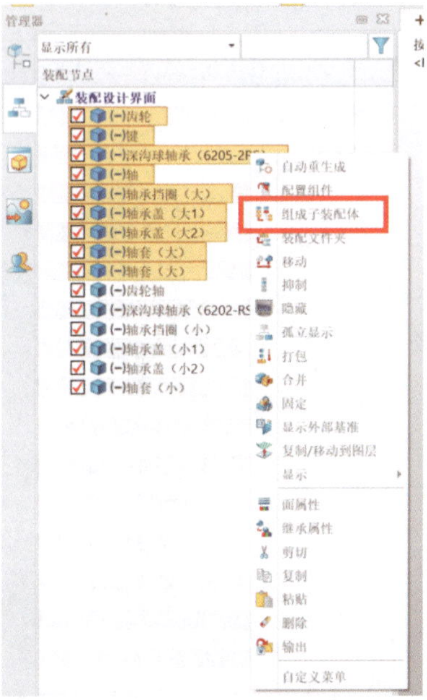

<table>
<tr><th>软件操作要点</th><th>软件操作简图</th></tr>
<tr><td>在弹出的组成子装配体对话框中更改零件名后点击确认即可。</td><td>
</td></tr>
<tr><td>把剩下的零件用同样的操作方法生成输入轴的构件，最终如右图所示。</td><td>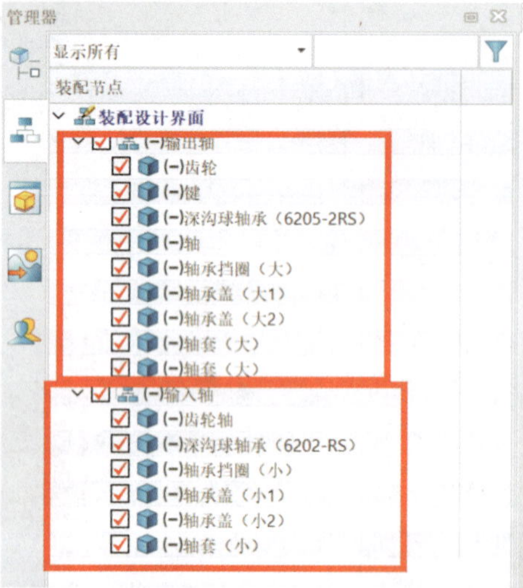
</td></tr>
</table>

表 K502-2 隐藏与显示的用法

<table>
<tr><th>软件操作说明</th><th>操作后的状态</th></tr>
<tr><td>隐藏或显示单一零件或构件：点击装配管理中零件前的“☑”符号。操作后零件或构件会消失或显示，如右图所示。</td><td>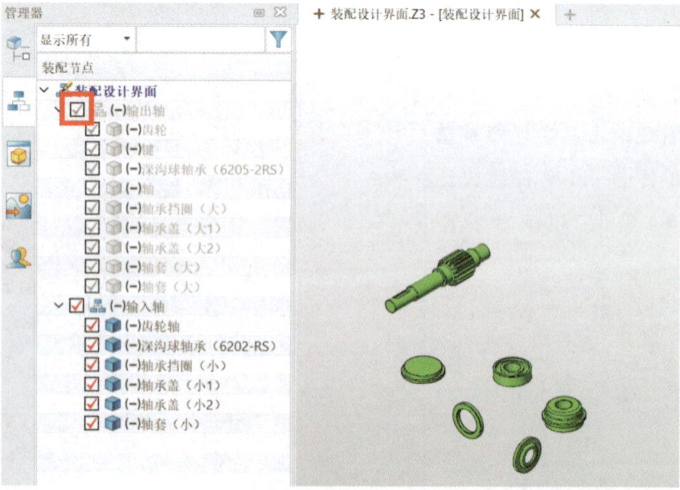
</td></tr>
</table>

续表

<table>
<tr><th>软件操作说明</th><th>操作后的状态</th></tr>
<tr><td></td><td>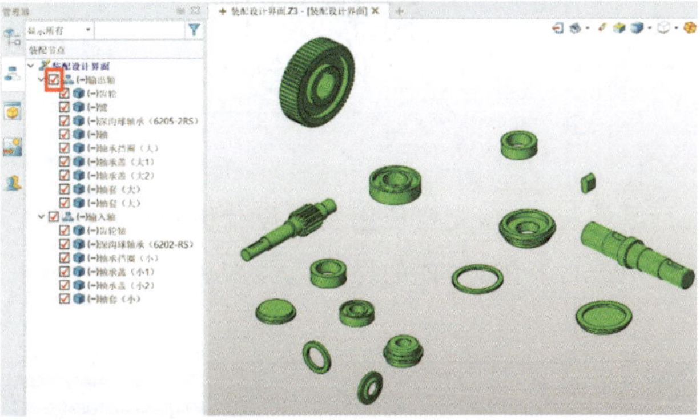</td></tr>
<tr><td>孤立显示单个零件：右键单击需要孤立显示的零件或构件，出现右键快捷菜单，再单击红框中的“孤立显示”（如右边上图显示），在弹出的仅显示对话框中可以选择其他零件的显示效果（一般默认为“消隐”），最后点击保存显示状态即可（如右边下图所示）。</td><td>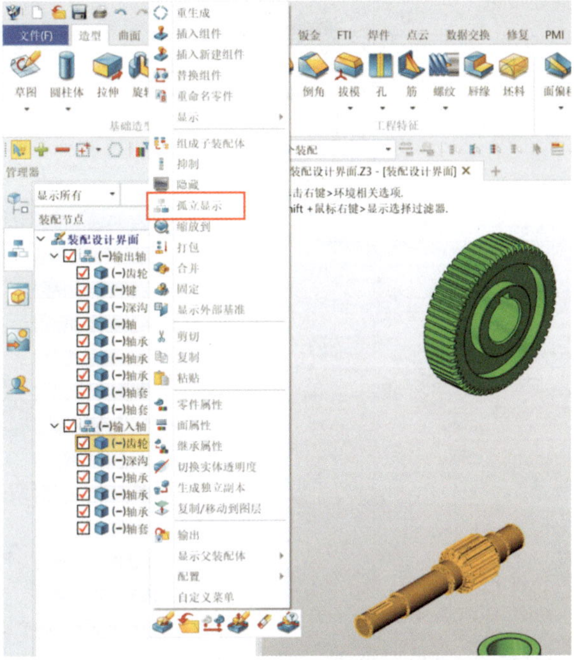

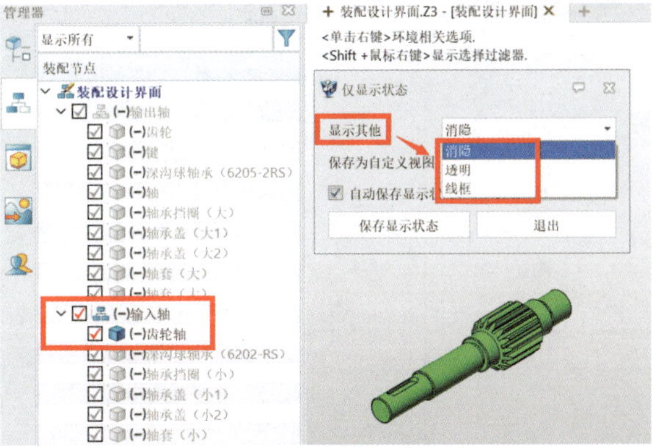
</td></tr>
</table>

链接知识
K502
装配管理

链接知识 K503 组件装配

进行零件装配前，先要使用装配设计模块中的“插入组件”功能，将各零件插入到装配的文件中进行装配，具体的操作流程如表 K503-1 所示。

表 K503-1　插入组件

软件操作要点	软件操作简图
在装配选项卡中点击“插入”，如右图所示。	
在插入组件对话框中点击文件夹图标“”，如右图所示。	

<table>
<tr><th>软件操作要点</th><th>软件操作简图</th></tr>
<tr><td>左键单击想要打开的零件三维模型，并点击打开（也可以直接双击想要打开的零件三维模型），如右图所示。</td><td>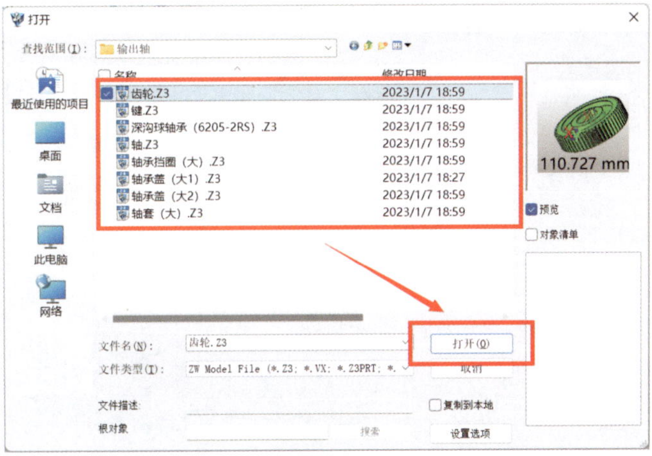
</td></tr>
<tr><td>在装配区任意位置单击左键鼠标（如果有确定需要放置的位置，就选择对应点），再点击“✔”，完成零件放置，如右图所示。</td><td>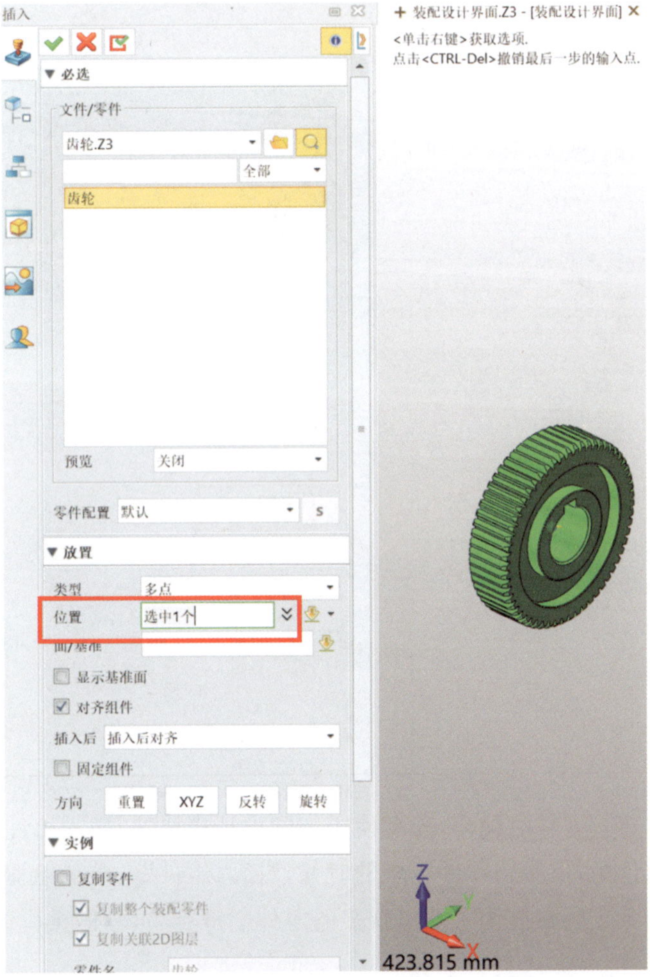
</td></tr>
</table>

软件操作要点	软件操作简图
在插入完成后，会自动提示进行装配约束，这个时候可以装配，也可以选择直接关闭。	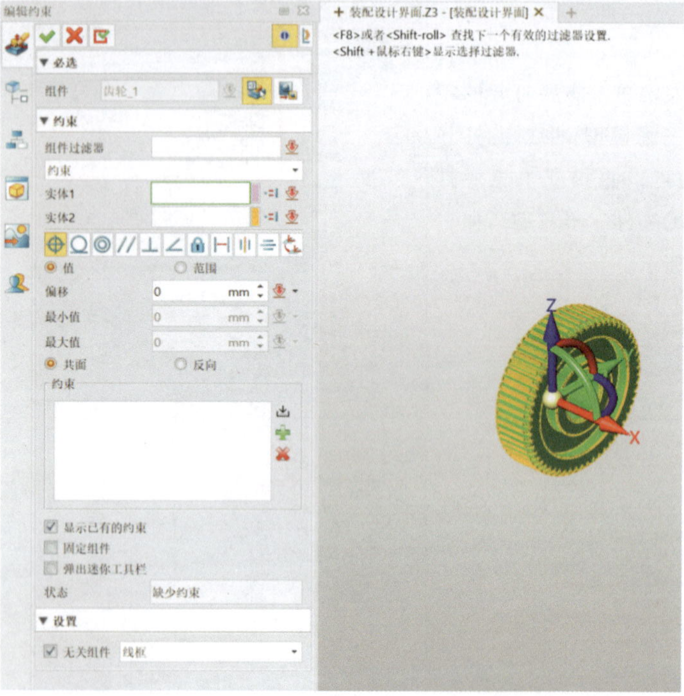
在装配管理中有右图红框中的零件显示，说明已经完成零件的插入了。	

进行零件装配前，先要使用装配设计模块的“插入组件”功能，将各零件插入到装配的文件中，但是当零件很多的时候，“插入组件”功能就会显得很麻烦，而“插入多组件”功能会让装配前调入数量众多的零件变得容易，具体操作流程如表 K503-2 所示。

表 K503-2 插入多组件

软件操作要点	软件操作简图
在装配选项卡中点击“插入多组件”，如右图所示。	
在插入多组件对话框中点击文件夹图标“”，如右图所示。	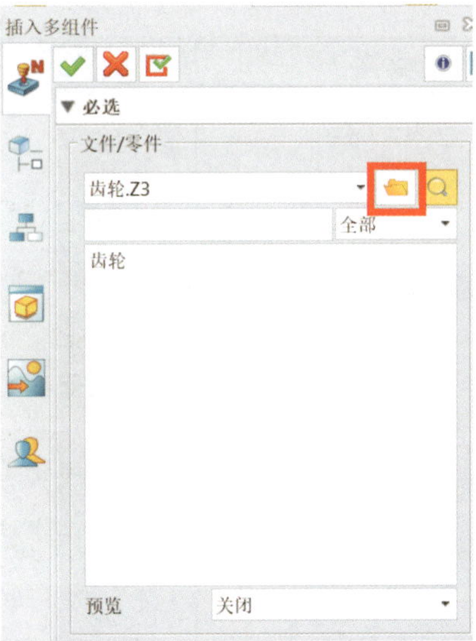
打开界面如右图所示，若要插入输出轴全部零件，则按住键盘上的“Shift”键，并点击第一个和最后一个选项，再点击打开。	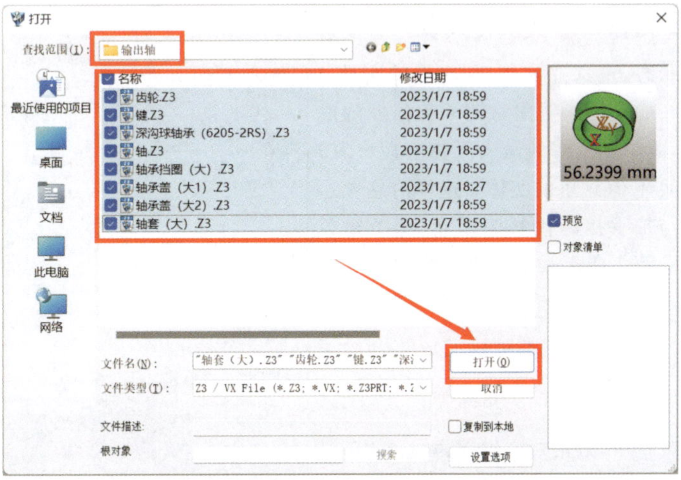

链接知识 K504 装配约束

1. 重合

装配设计模块最重要的就是约束，重合是其中常用的装配指令之一，创建一个重合约束，零件将会保持重合（如，零件装配部位共同的曲线、边、曲面或基准面）。例如将输出轴中的轴承挡圈和轴承贴合在一起，操作过程如表 K504-1 所示。

表 K504-1　零件重合

软件操作要点	软件操作简图
未进行重合约束时的状态，如右图所示。	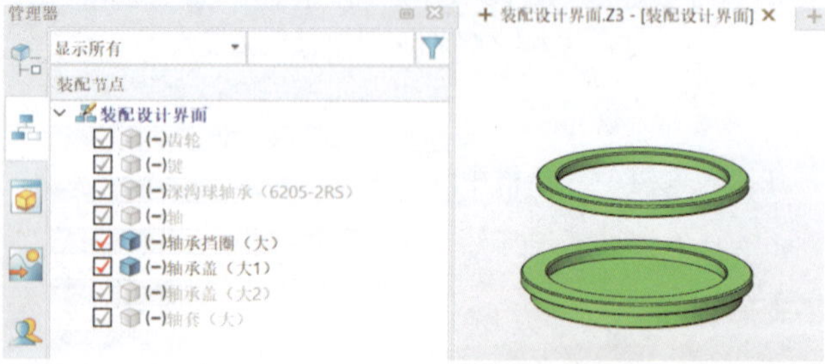
在装配选项卡中点击“约束”，如右图所示。	
在弹出的约束对话框中，选择重合约束图标“ ”使其变成黄色的被选中状态，再选择实体 1（这里的实体 1 选择的是轴承挡圈与轴承盖接触的底面，图中蓝色圈的箭头所指表面位置）和实体 2（这里的实体 2 选择的是轴承盖与轴承挡圈接触的顶面，图中粉色圈的箭头所指表面），点击完成后零件被选择表面会自动重合在一起，点击任意一个“ ”都可以完成重合约束（点击大对话框左上角的“ ”会结束约束指令，点击对齐组件的“ ”还可以继续进行约束指令操作）。	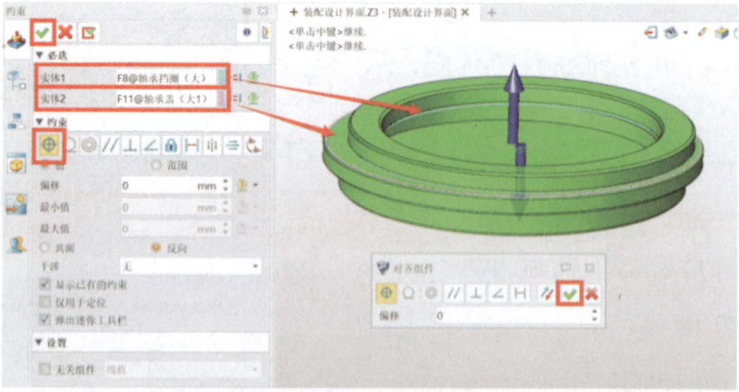

续表

软件操作要点	软件操作简图
完成重合约束后，两零件的状态还是可以自由移动的，但是两个接触面是重合在一起的，约束完成后的状态如右图所示。	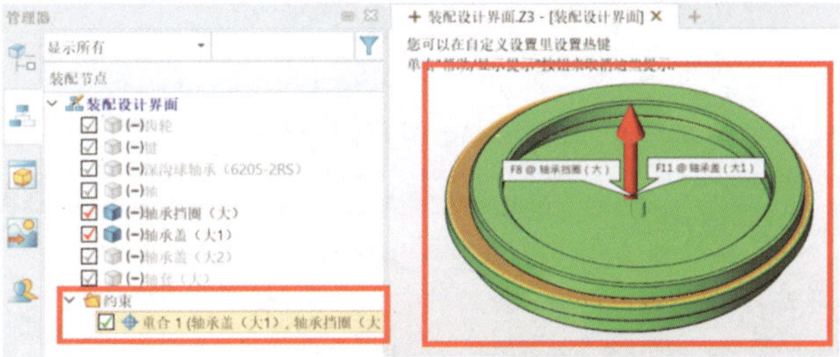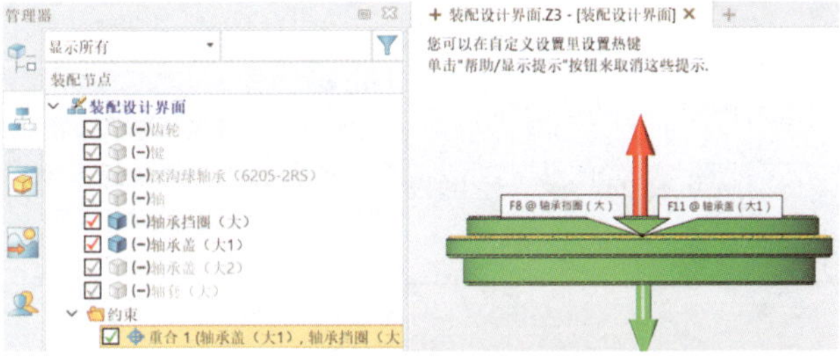

2. 同心

装配设计模块最重要的就是约束，同心是其中常用的装配指令之一，一般用于轴类零件，使其中心轴线保持共线，例如将已经重合约束好的输出轴中的轴承挡圈和轴承盖放置在一个合适的位置，操作过程如表 K504-2 所示。

表 K504-2　零件同心

软件操作要点	软件操作简图
只有重合约束，未进行同心约束时的状态，如右图所示。	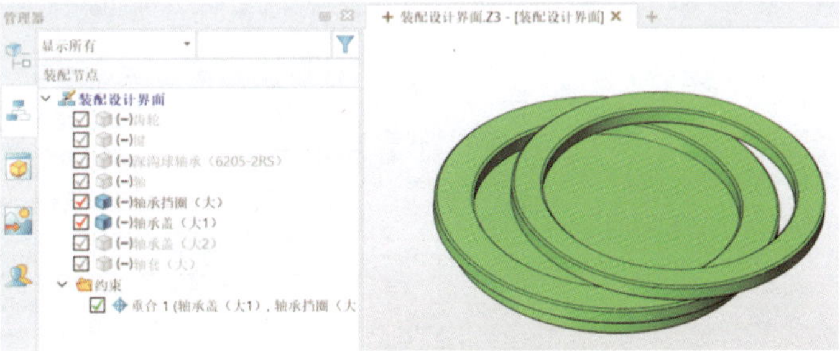
在装配选项卡中点击“约束”，如右图所示。	

续表

<table>
<tr><th>软件操作要点</th><th>软件操作简图</th></tr>
<tr><td>在弹出的约束对话框中，选择同心约束图标“⊕”使其变成黄色的被选中状态，再选择实体 1 和实体 2(拾取可以显示中心轴蓝色箭头的外圆)，点击完成后，零件中心轴线会共线，点击任意一个“✔”都可以完成同心约束(点击大对话框左上角的“✔”会结束约束指令，点击对齐组件的“✔”还可以继续进行约束指令操作)。</td><td>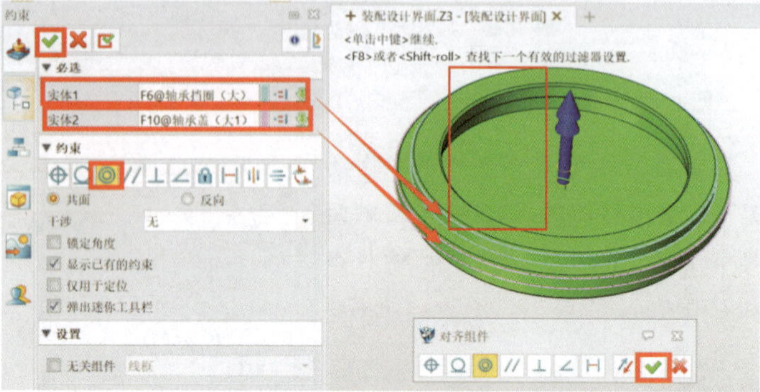
</td></tr>
<tr><td>完成同心约束后，两零件中心轴线共线，约束完成后的状态如右图所示。</td><td>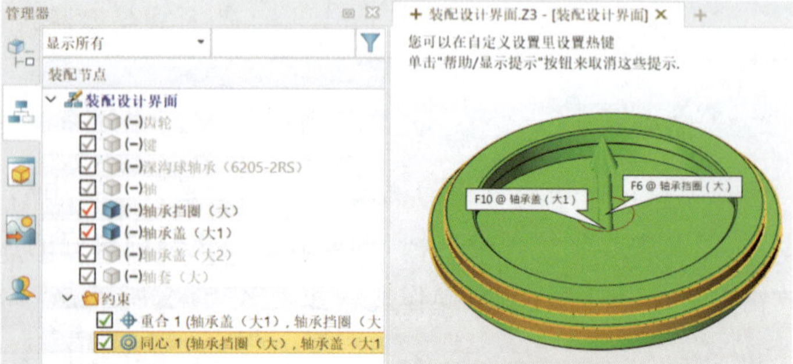

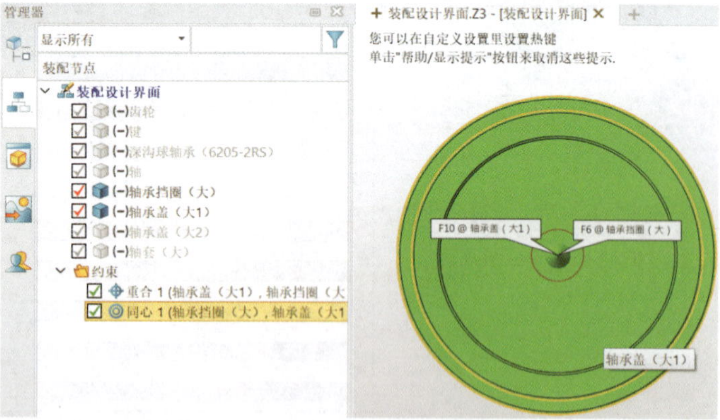
</td></tr>
</table>

3. 平行

装配设计模块最重要的就是约束，平行是其中常用的装配指令之一，一般用于两零件，使其中心轴线、面在空间中相互平行，例如装配齿轮传动轴部件，操作过程如表 K504-3 所示。

表 K504-3　零件平行

软件操作要点	软件操作简图
未进行平行约束时的状态，如右图所示。	
在装配选项卡中点击“约束”，如右图所示。	
在弹出的约束对话框中，选择平行约束图标“//”使其变成黄色的被选中状态，再选择实体 1 和实体 2(拾取可以显示中心轴绿色箭头的外圆)，点击完成后零件中心轴线会相互平行，点击任意一个“✔”都可以完成同心约束(点击大对话框左上角的“✔”会结束约束指令，点击对齐组件的“✔”还可以继续进行约束指令的操作)。	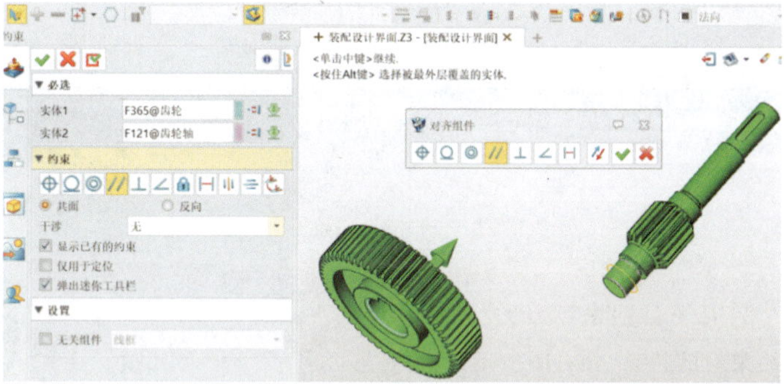
完成平行约束后，两零件中心轴线互相平行，约束完成后的状态如右图所示。	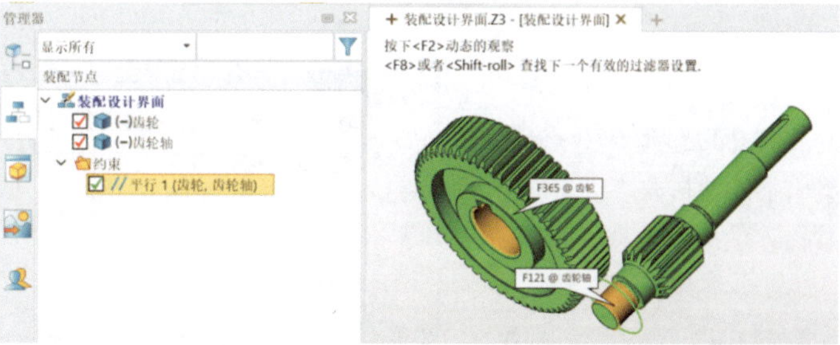

链接知识 K504

装配约束

续表

软件操作要点	软件操作简图
	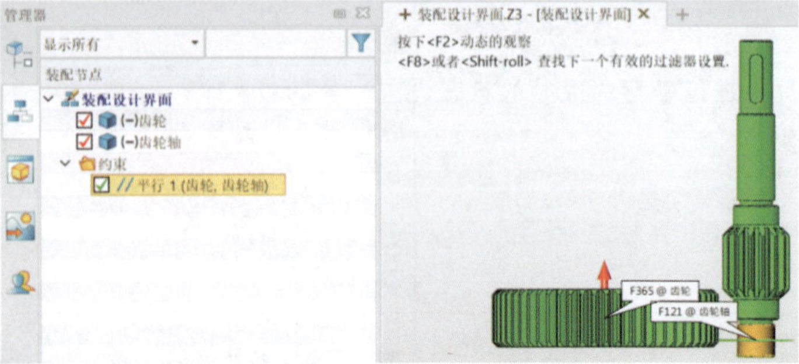

4. 距离

装配设计模块最重要的就是约束，距离是其中常用的装配指令之一，一般用于两零件确定一个固定的距离关系，例如在齿轮和齿轮轴的啮合状态前两齿轮的平行的状态下，再约束一个正常啮合的中心距，操作过程如表 K504-4 所示。

表 K504-4　零件距离

软件操作要点	软件操作简图
只有平行约束，未进行距离约束时的状态，如右图所示。	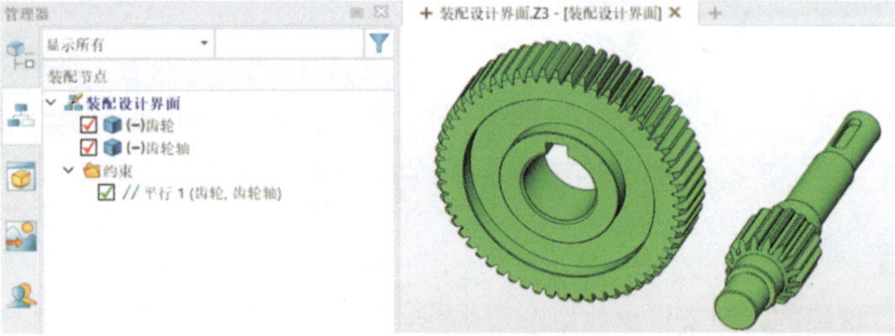
在装配选项卡中点击“约束”，如右图所示。	

软件操作要点	软件操作简图
在弹出的约束对话框中，选择距离约束图标“ ”使其变成黄色的被选中状态，再选择实体 1 和实体 2(拾取可以显示中心轴绿色箭头的外圆)，再设置偏移距离(这里，通过计算，中心距为55.5 mm)，再点击任意一个“ ”都可以完成同心约束(点击大对话框左上角的“ ”会结束约束指令，点击对齐组件的“ ”还可以继续进行约束指令的操作)。	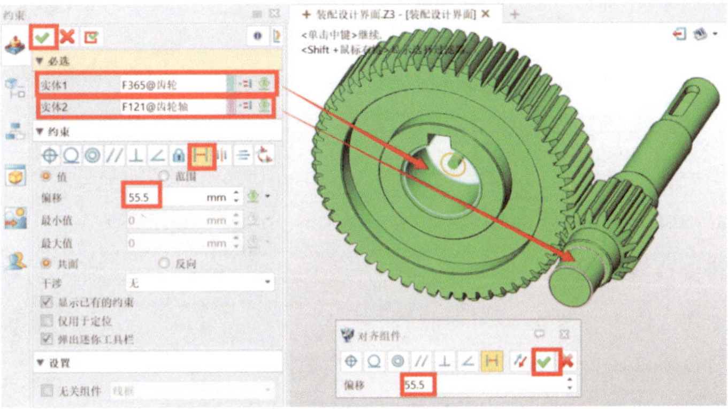
完成距离约束后，两零件中心轴线保持规定的距离(本约束中，两零件中心轴线相距55.5 mm)，约束完成后的状态如右图所示。	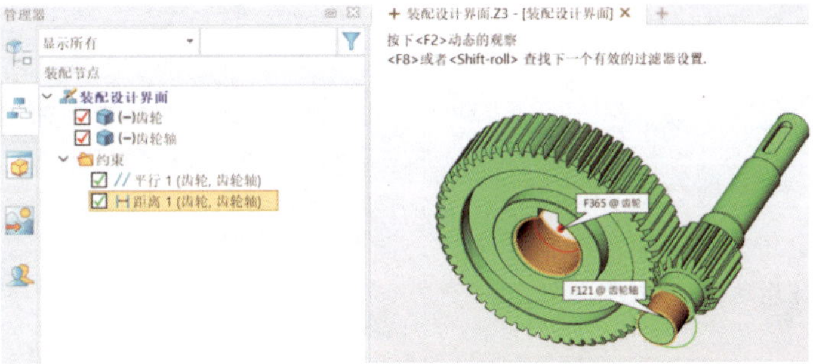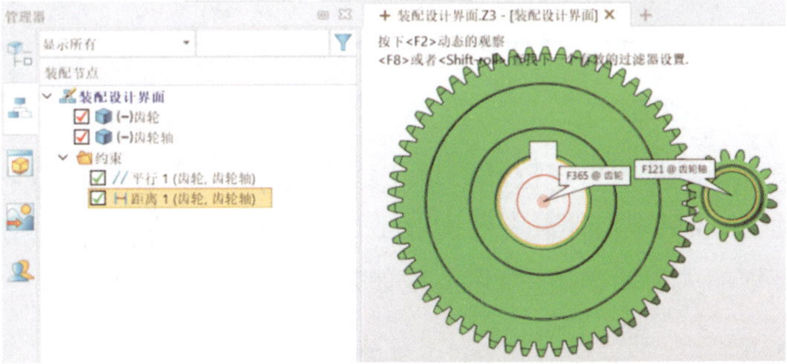

5. 啮合

啮合是机械约束中最常用的指令，一般用于两齿轮零件的啮合，例如在齿轮和齿轮轴的啮合状态前两齿轮的平行的状态下，再约束一个正常啮合的中心距，操作过程如表 K504-5 所示。

表 K504-5　零件啮合

软件操作要点	软件操作简图
在装配选项卡中点击“机械约束”，如右图所示。	
在弹出的机械约束对话框中，选择啮合约束图标“⚙”使其变成黄色的被选中状态，再选择实体1和实体2（拾取旋转啮合零件的外圆或内环部位），再设置选择齿数（可以按齿数，也可以按传动比设置），齿轮啮合要勾选反转，再点击“✔”完成啮合约束。	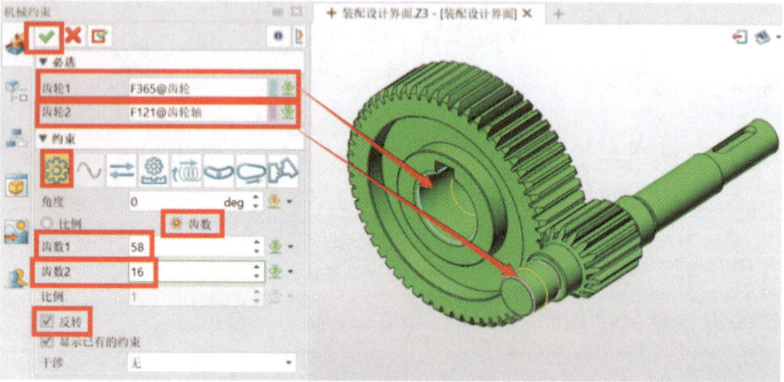
完成啮合约束后，两零件可以相对旋转，约束完成后的机械运动状态如右图所示。	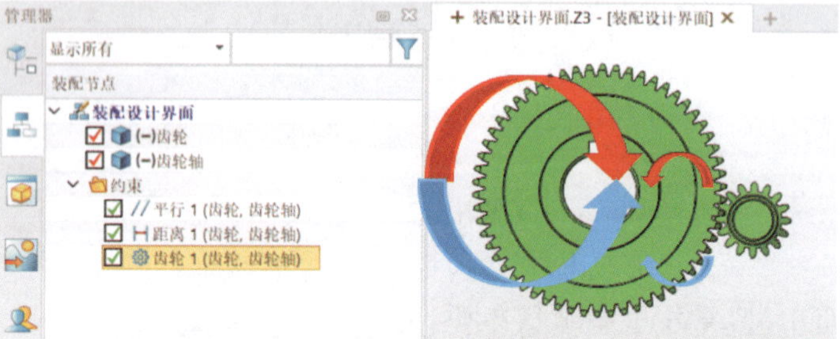

6. 固定

固定是约束中特殊的指令，对零件使用固定约束后，该零件不能有任何的移动和转动，一般用于构件或者装配体中固定不动的基准零件或固定零件，例如要将齿轮啮合配合中的大齿轮固定，操作过程如表 K504-6 所示。

表 K504-6　零件固定

软件操作要点	软件操作简图
在装配选项卡中点击“机械约束”，如右图所示。	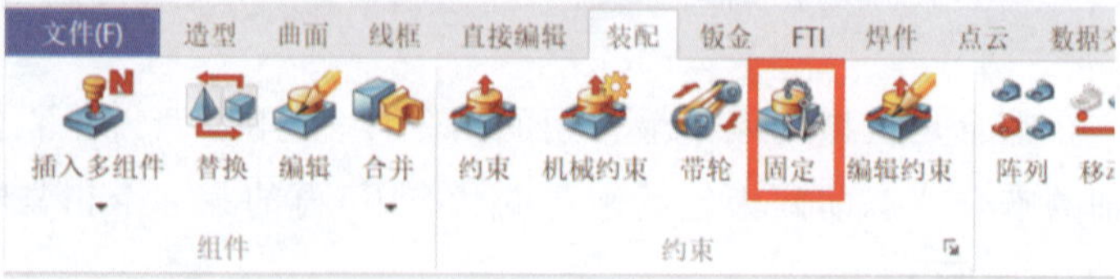

续表

软件操作要点	软件操作简图
在弹出的固定对话框中，选择要被固定的零件（这里选择大齿轮），再点击“✔”完成固定。	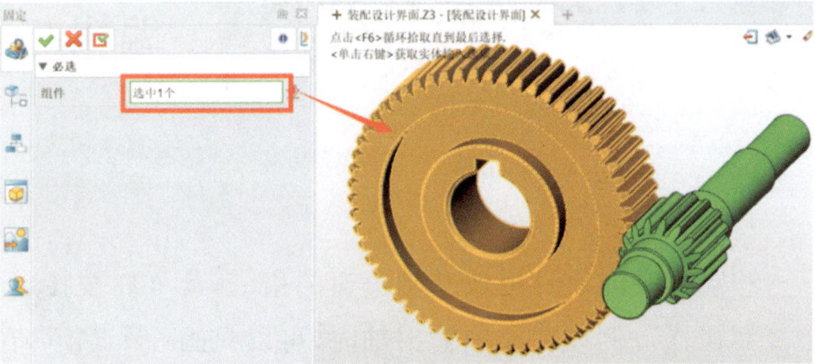
此时进行移动，就是齿轮轴运动，大齿轮不运动，运动状态如右图所示。如果要取消固定约束，则重新用指令指定一遍大齿轮即可。	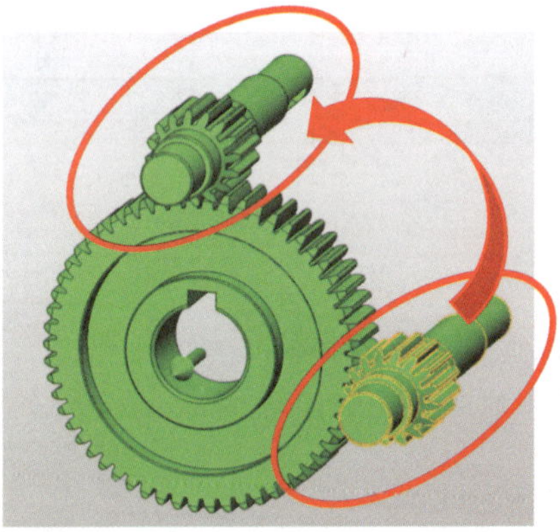

链接知识 K505 编辑与查询

1. 移动

移动是装配设计模块基础编辑的指令，其可以按特定方向移动零件，同时也可以用于复制操作。例如在绘制输出轴时，可以只画一个轴承，在装配时可以移动复制一个位置关系比较好的轴承，操作过程如表 K505-1 所示。

表 K505-1　移动

软件操作要点	软件操作简图
在复制轴承前，可以先将输出轴装配成右图的样子再进行复制轴承操作。	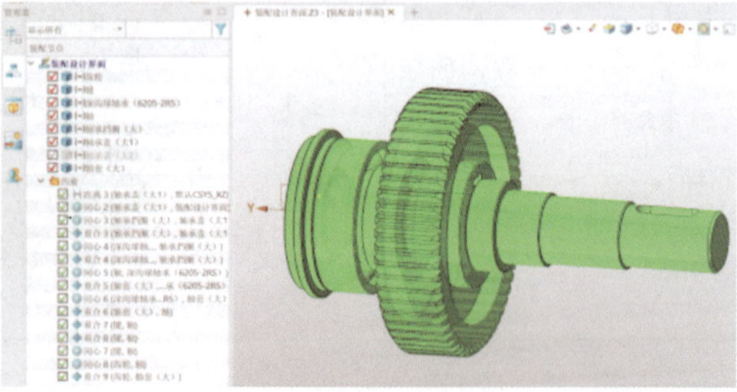
在装配选项卡中点击“移动”，如右图所示。	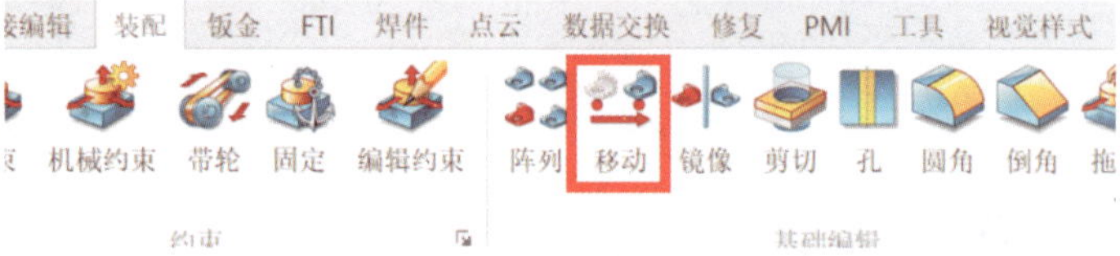
在弹出的移动对话框中，先选择沿方向移动“”，再选择要移动的本体（这里是轴承），再选择方向并设置距离，最后点击复制，再点击“”完成操作。	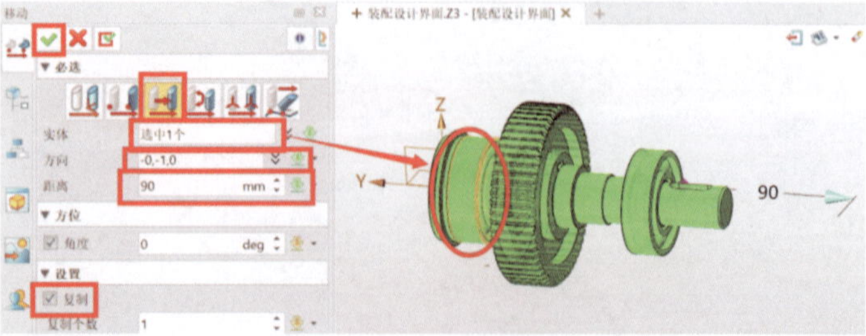

软件操作要点	软件操作简图
复制移动后的效果如右图所示。	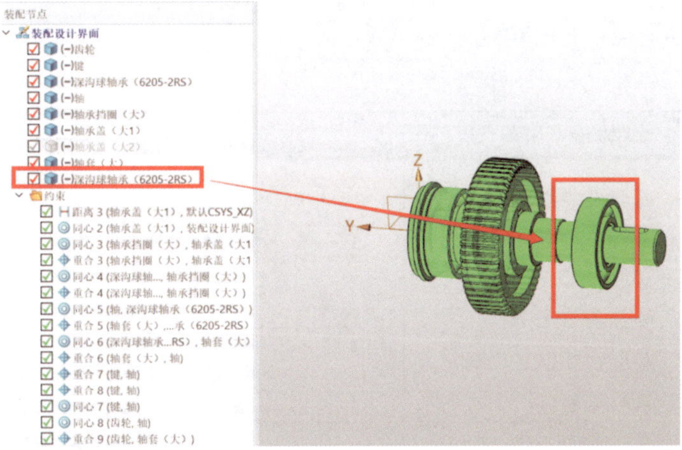

2. 拖拽和旋转

拖拽和旋转是装配设计模块基础编辑的指令，拖拽可以在不点击功能时使用，旋转必须点击功能才能实现，其主要的作用是将零件放置在一个方便查看、装配的位置，操作过程如表 K505-2 所示。

表 K505-2　拖拽和旋转

软件操作要点	软件操作简图
拖拽指令在装配选项卡中的位置如右图所示，使用时可以不点击功能。	
旋转指令在装配选项卡中的位置如右图上所示。其可以作用于齿轮零件机械装配前的位置调动，如右图所示。	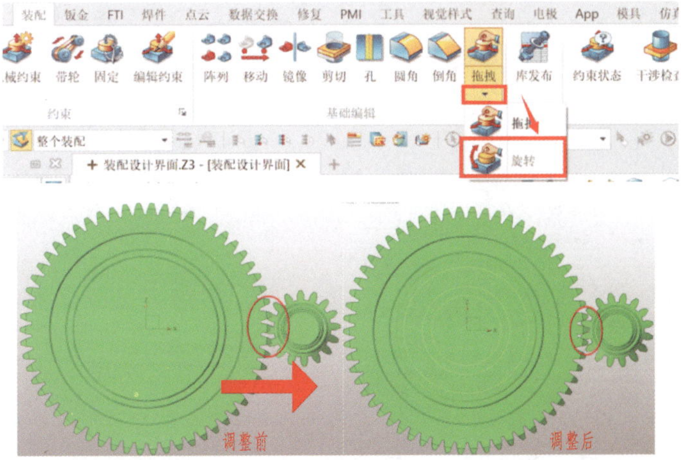

3. 约束状态

约束状态是装配查询中的功能，可以通过约束状态查询机构的装配情况，操作过程如表 K505-3 所示。

表 K505-3　约束状态

软件操作要点	软件操作简图
约束状态指令在装配选项卡中的位置如右图所示。	
点击后可以直接通过和左侧的颜色对比条进行对比得知零件状态，如无约束、缺少约束、明确约束、固定、过约束、约束冲突、范围之外，其中，无约束、过约束、约束冲突、范围之外是有问题的，其他的都是正常的。	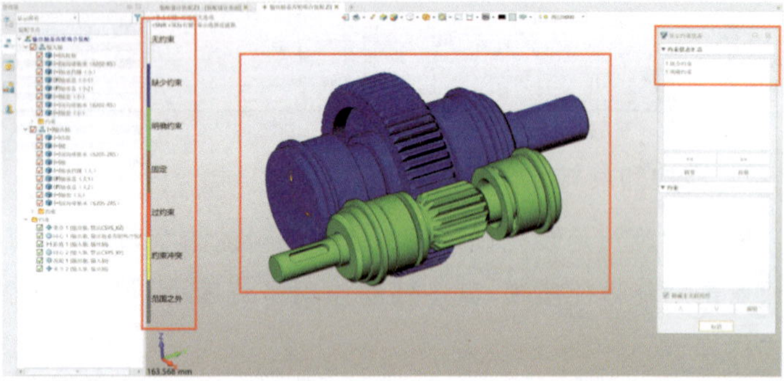

链接知识 K701　减速器箱盖建模分析

使用中望 3D 完成减速器箱盖三维模型的建模，先需要分析建模流程，减速器箱盖的建模流程分析如表 K701-1 所示。

表 K701-1　减速器箱盖的建模流程分析

序号	建模步骤描述	建模流程图
1	使用“六面体”功能，创建一个长 199（单位为 mm，后文省略）、宽 94、高 8 的六面体。	
2	使用“圆角”功能，将六面体 4 角倒 R20 圆角。	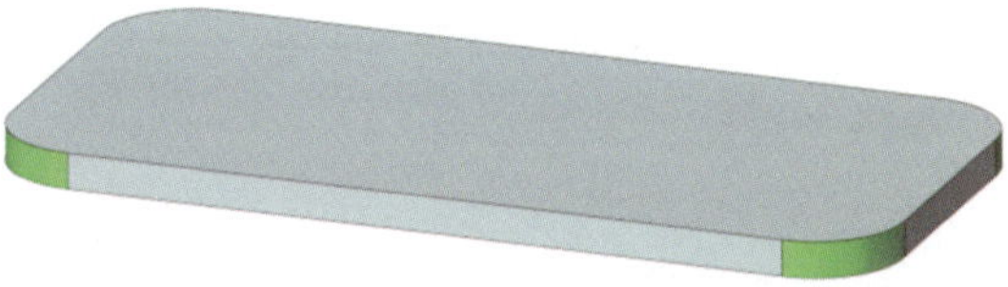
3	在 XY 平面绘制孔定位草图。	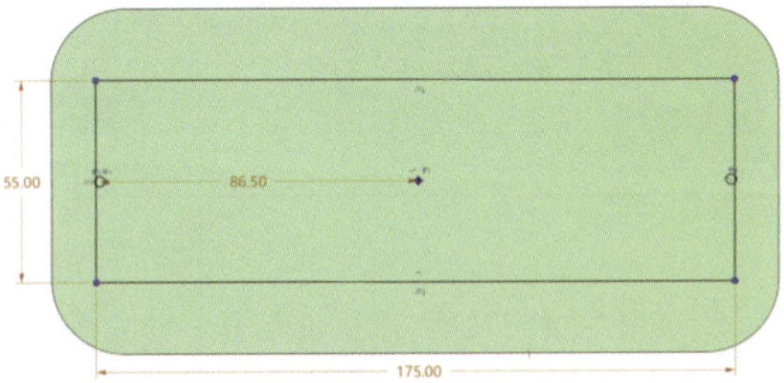
4	使用“孔”功能，生成 2 个 M6 螺纹孔、2 个 ϕ5 圆柱销孔、2 个 M8 螺丝台阶过孔。	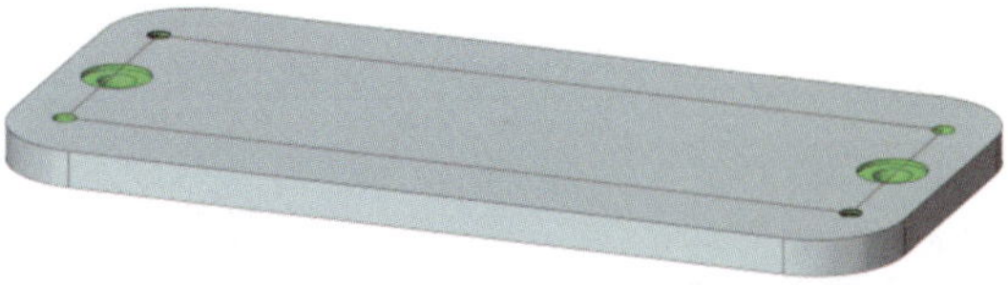
5	使用“六面体”功能，在第一层六面体上表面上，通过加运算创建一个长 153、宽 94、高 15 的六面体。	

续表

序号	建模步骤描述	建模流程图
6	使用“圆角”功能，将第二层六面体 4 角倒 R10 圆角。	
7	在 XY 平面绘制孔定位草图。	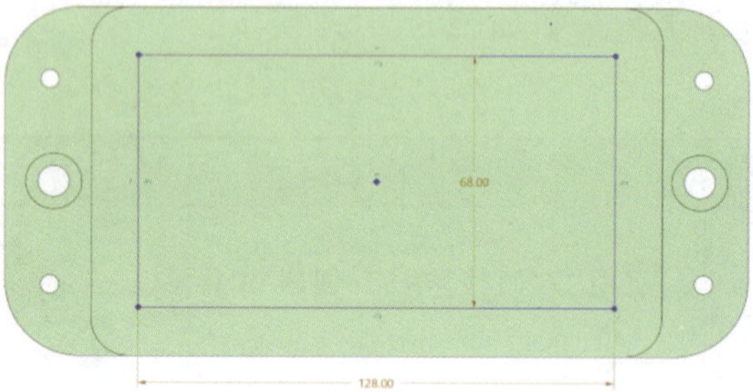
8	使用“孔”功能，生成 4 个 M8 螺丝台阶过孔。	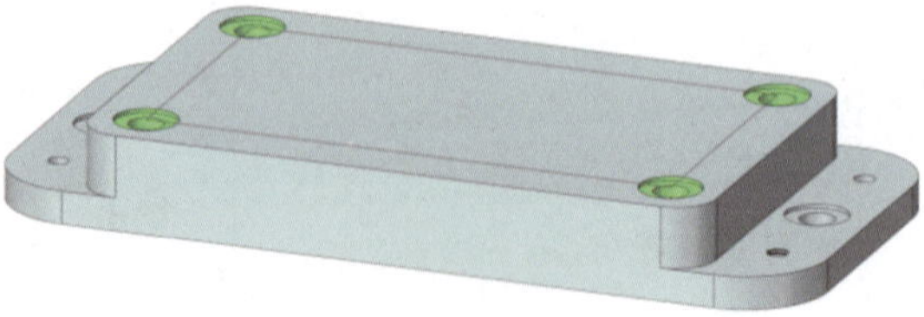
9	在 XZ 平面绘制拉伸草图。	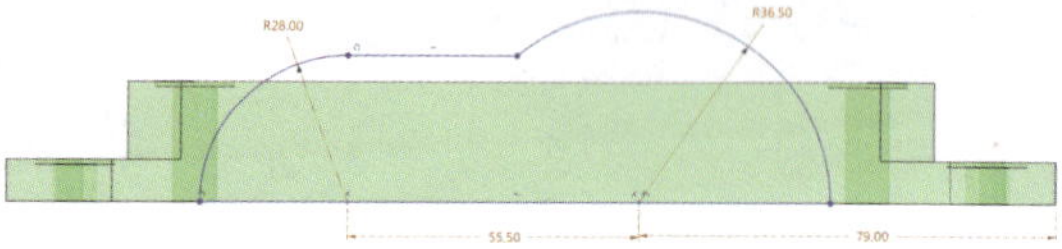
10	使用“拉伸”功能，通过加运算拉伸侧面凸台。	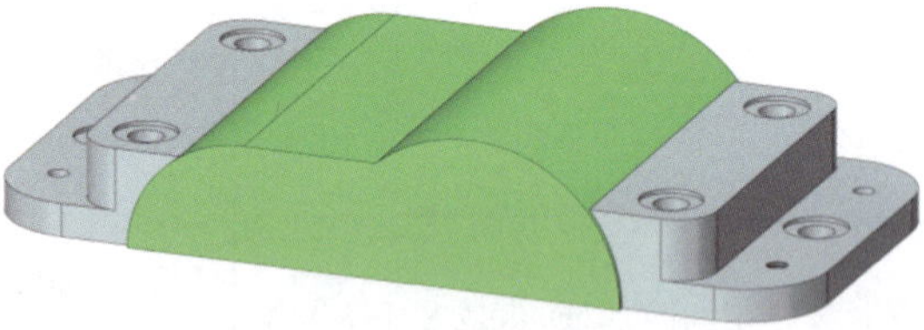
11	使用“简化”功能简化因拉伸多出来的部分。	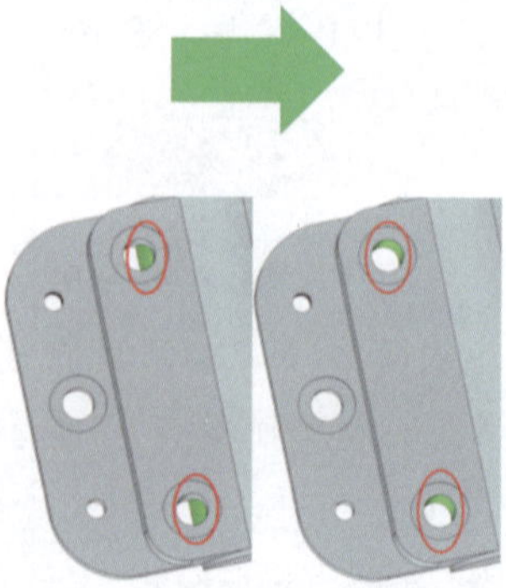

续表

序号	建模步骤描述	建模流程图
12	在XZ平面绘制拉伸草图。	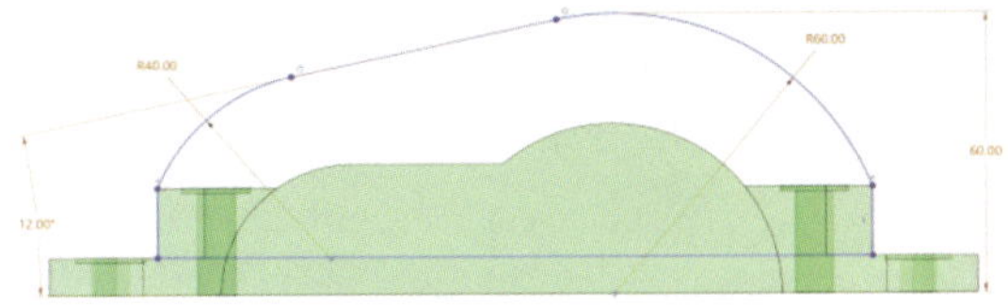
13	使用“拉伸”功能，通过加运算拉伸顶部凸台。	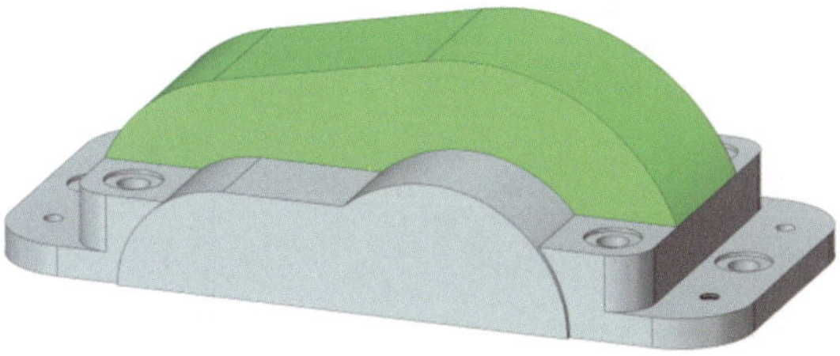
14	在零件底面绘制圆柱原点草图。	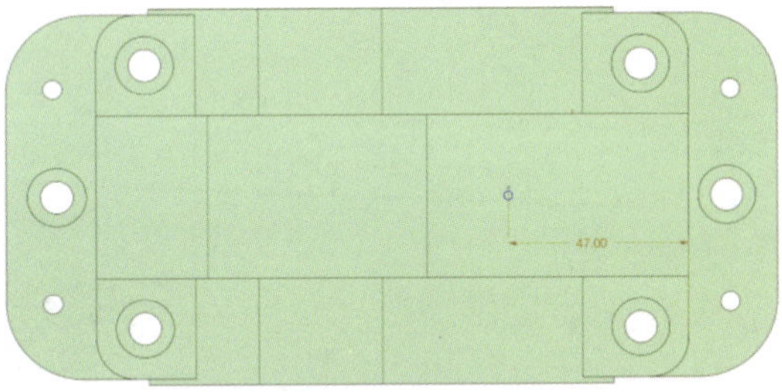
15	使用“圆柱体”功能，加运算创建一个直径16、长度63的圆柱体。	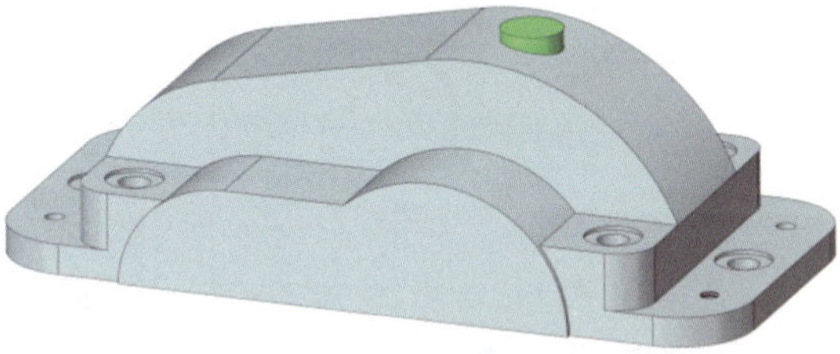
16	使用“孔”功能，生成1个M8螺丝孔。	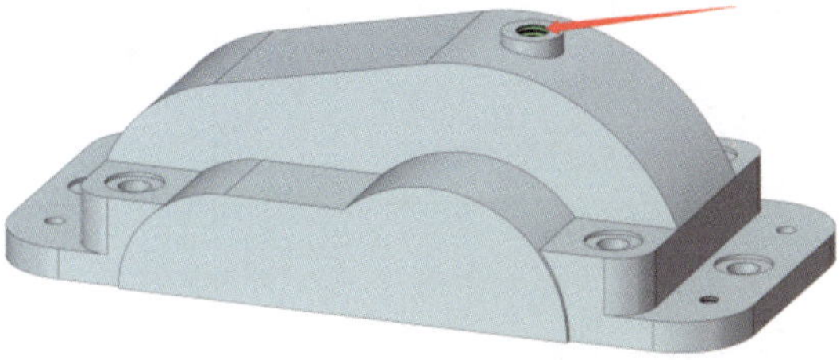
17	在XZ平面绘制定位辅助草图。	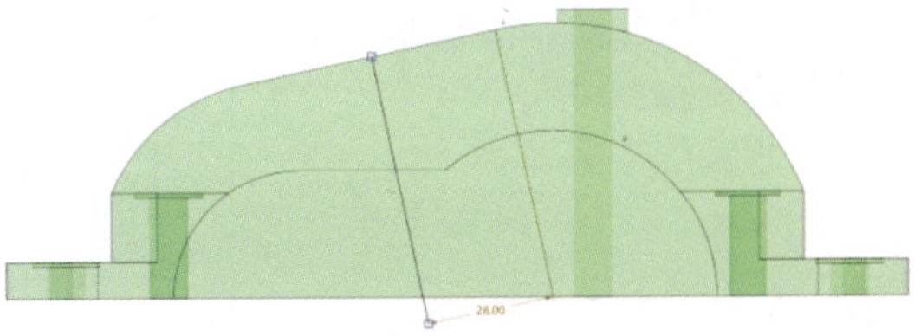

续表

序号	建模步骤描述	建模流程图
18	在右图中绿色平面上以辅助草图上端点为中心，绘制拉伸草图。	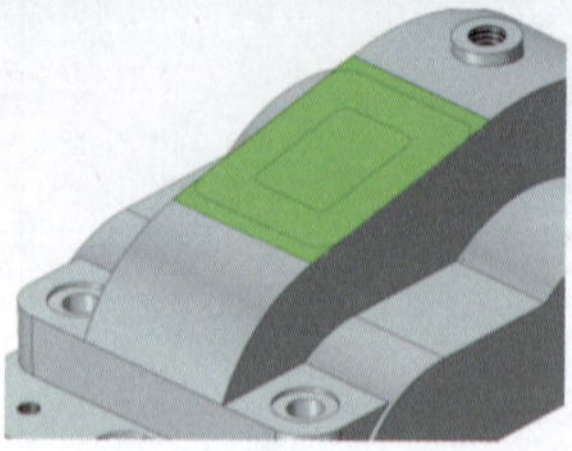 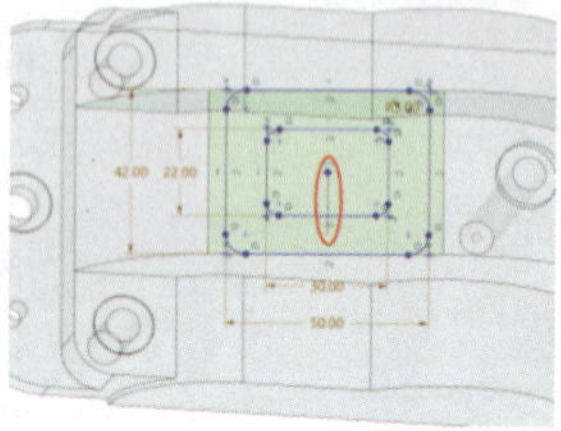
19	使用“拉伸”功能，通过加运算拉伸斜面凸台。	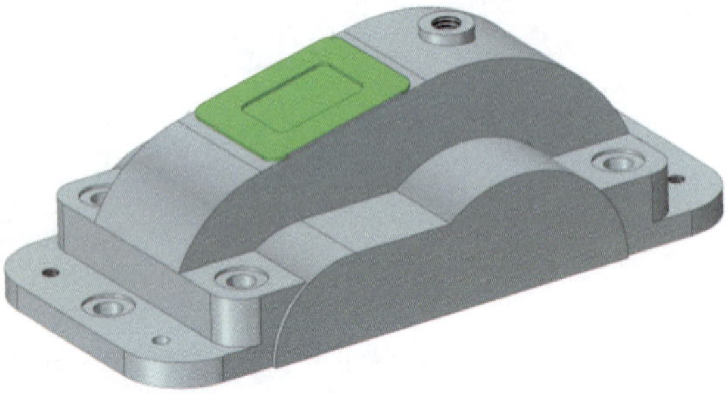
20	使用“面偏移”功能，将斜面凸台中间平面偏移贯通。	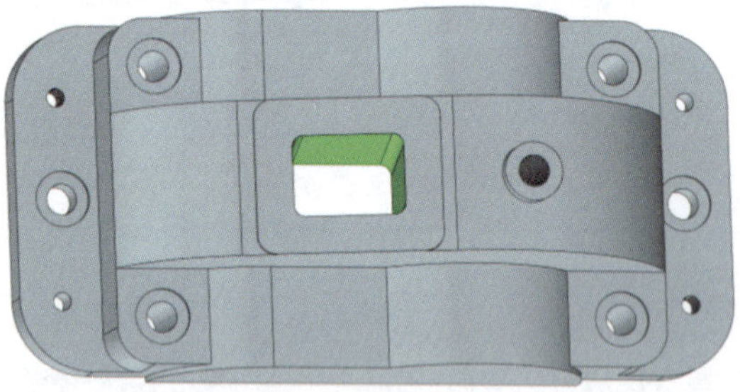
21	在斜面凸台平面绘制孔定位草图。	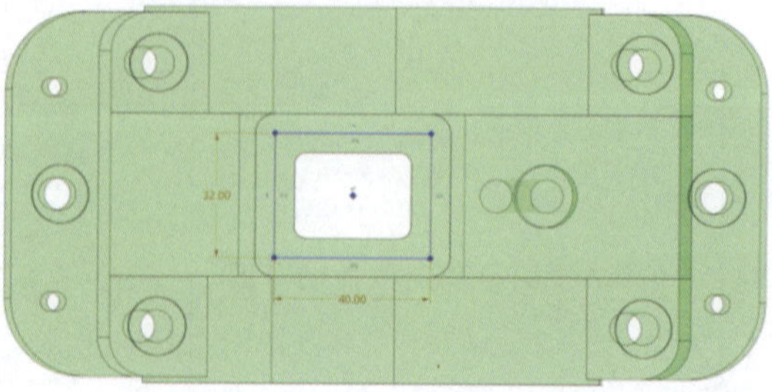

续表

序号	建模步骤描述	建模流程图
22	使用“孔”功能，生成 4 个 M4 螺丝通孔。	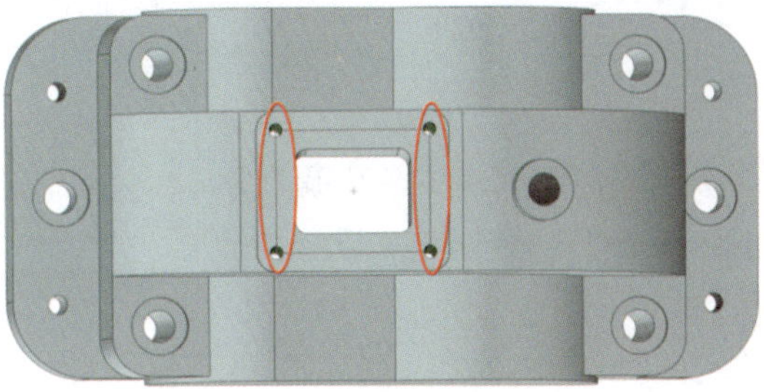
23	在侧面凸台平面绘制拉伸草图。	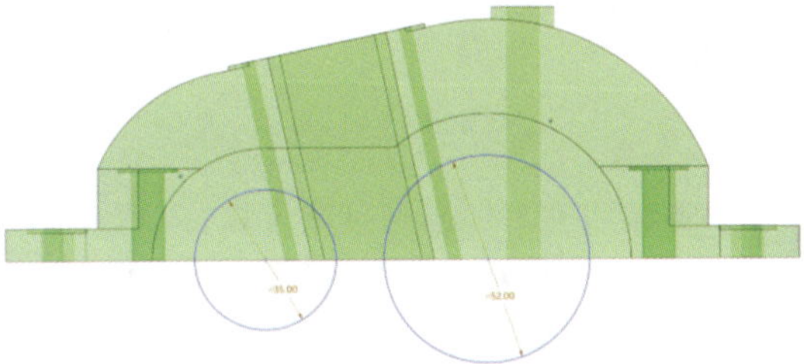
24	使用“拉伸”功能，通过减运算拉伸切除底面两半圆。	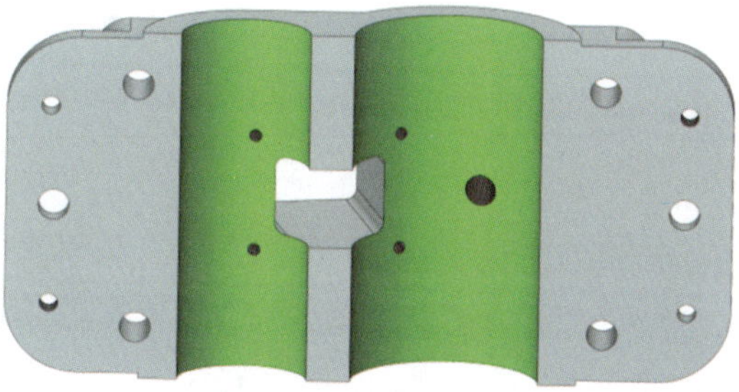
25	使用“拉伸”功能，通过减运算拉伸切除底面两半圆内槽。	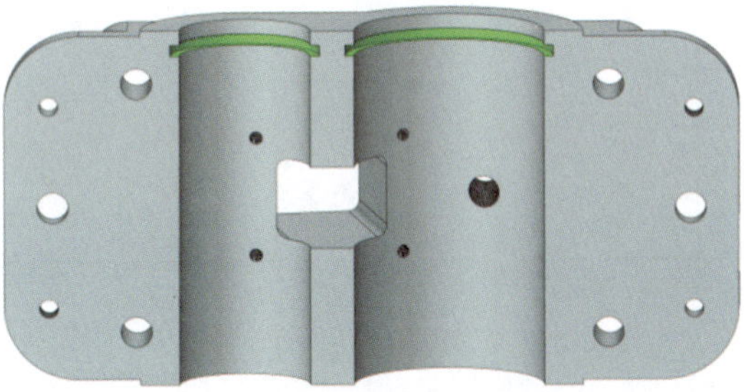
26	使用“镜像特征”功能，将两半圆内槽以 XZ 平面镜像到对侧。	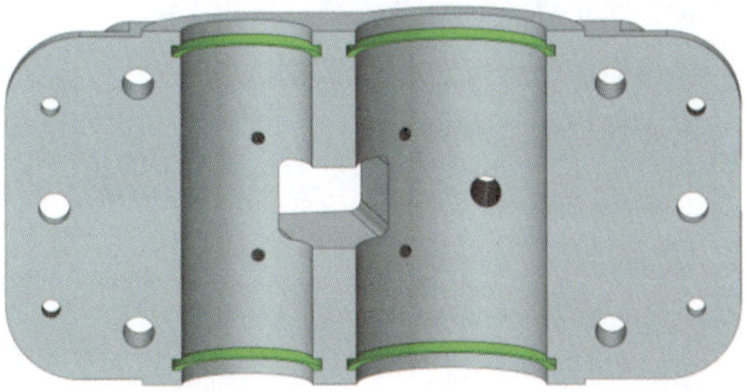

续表

序号	建模步骤描述	建模流程图
27	在 XZ 平面绘制拉伸草图。	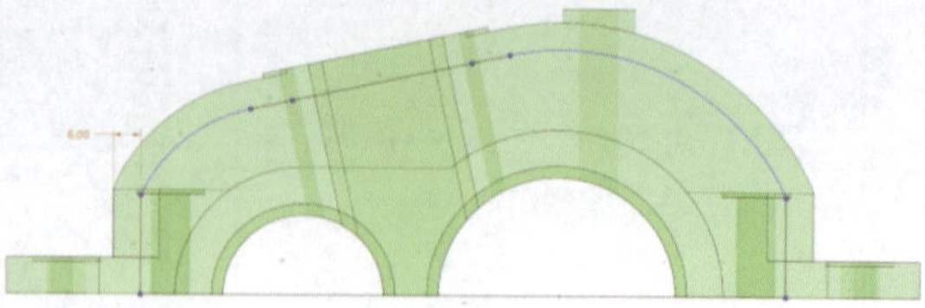
28	使用“拉伸”功能，通过减运算拉伸切除内腔体。	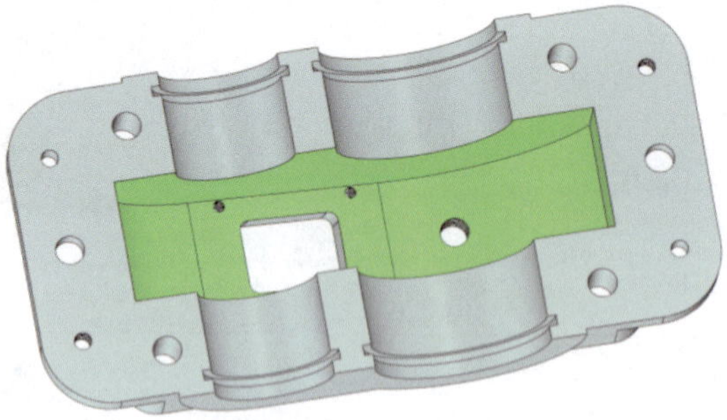
29	使用“圆角”功能，将内腔全部倒 R2 圆角。	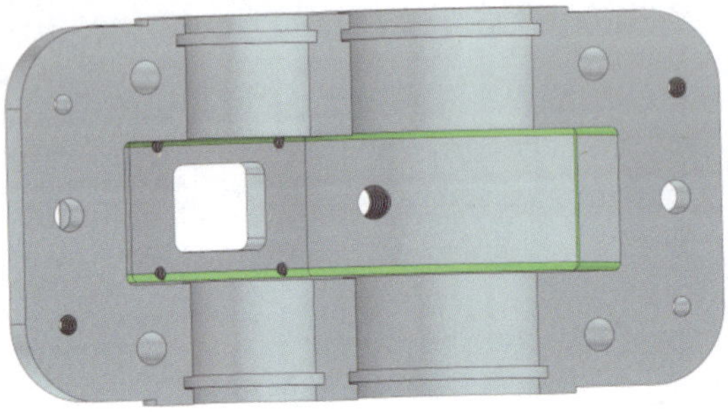
30	在侧面凸台绿色小圆弧侧表面圆心处创建基准 CSYS 1。	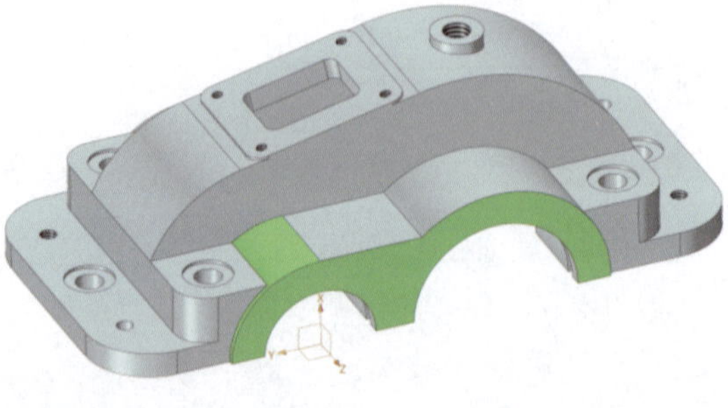

续表

序号	建模步骤描述	建模流程图
31	在创建的基准 CSYS 1 的 XZ 平面绘制筋线。	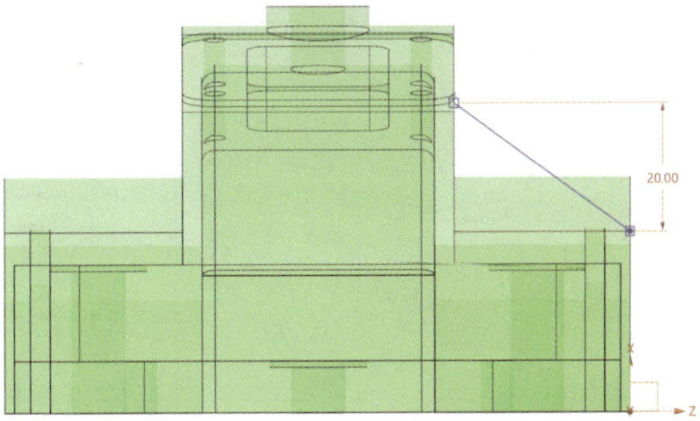
32	使用“筋”功能，创建一条宽 4 的加强筋。	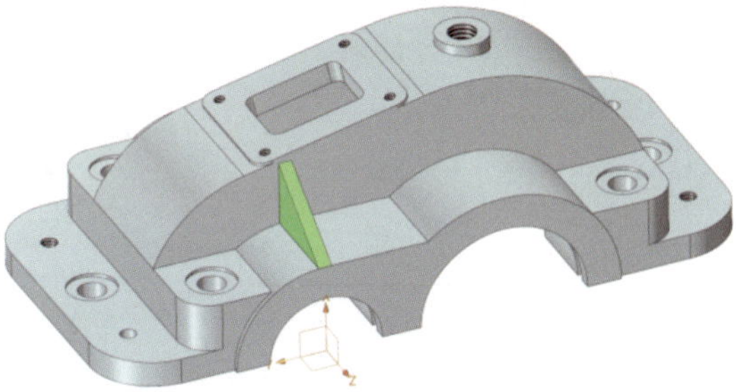
33	使用“镜像特征”功能，将加强筋以 XZ 平面镜像到对侧。	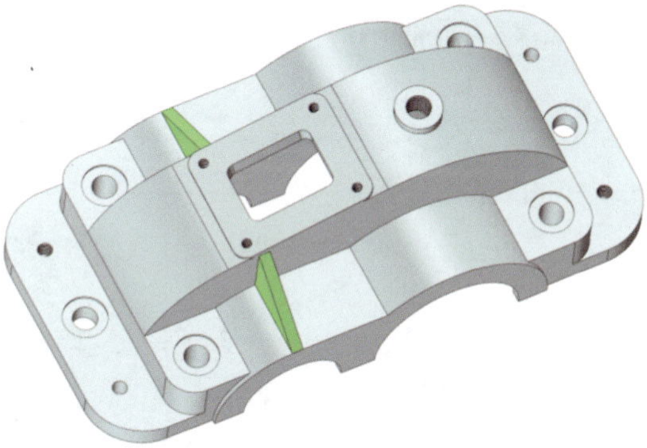
34	在侧面凸台绿色大圆弧侧表面圆心处创建基准 CSYS 2。	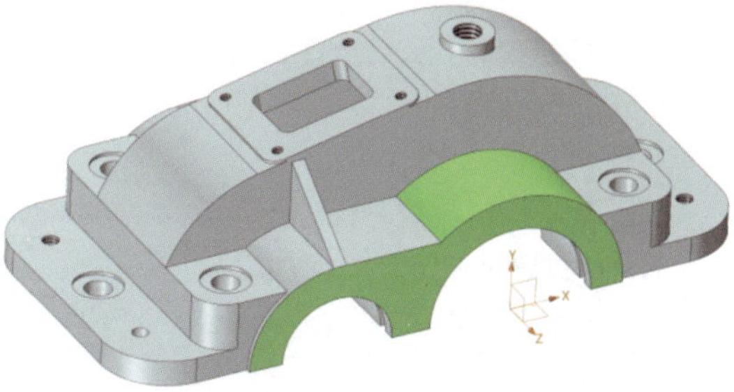

序号	建模步骤描述	建模流程图
35	在创建的基准 CSYS 2 的 XZ 平面绘制筋线。	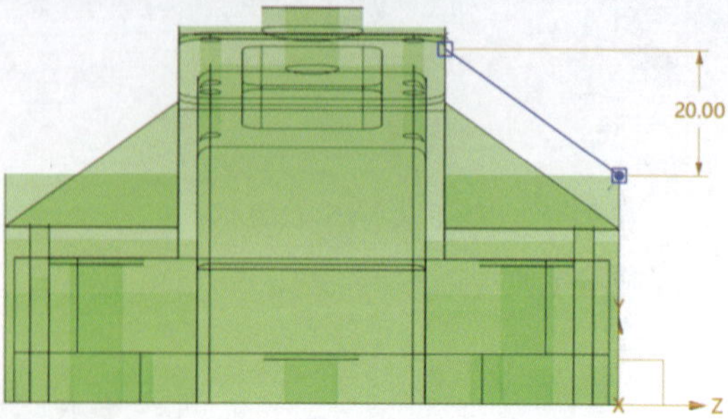
36	使用“筋”功能，创建一条宽 4 的加强筋。	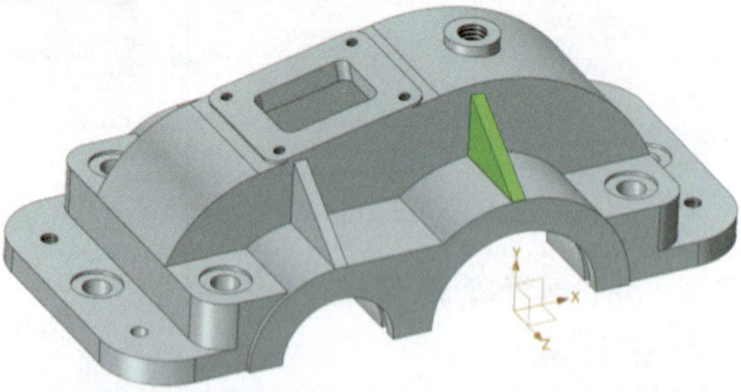
37	使用“镜像特征”功能，将加强筋以 XZ 平面镜像到对侧。	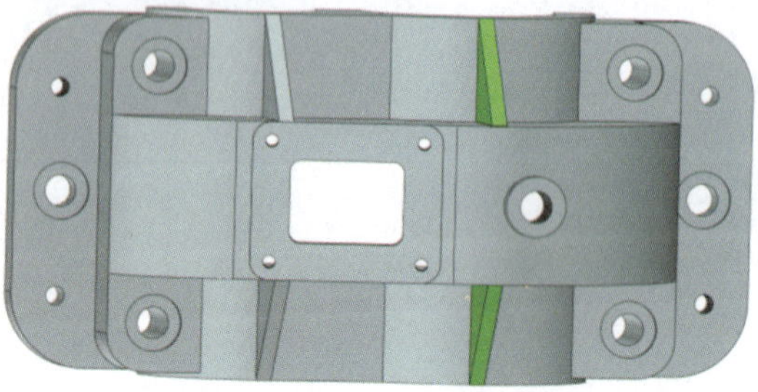
38	使用“圆角”功能，将零件需要倒圆角的位置全部倒 R2 圆角。	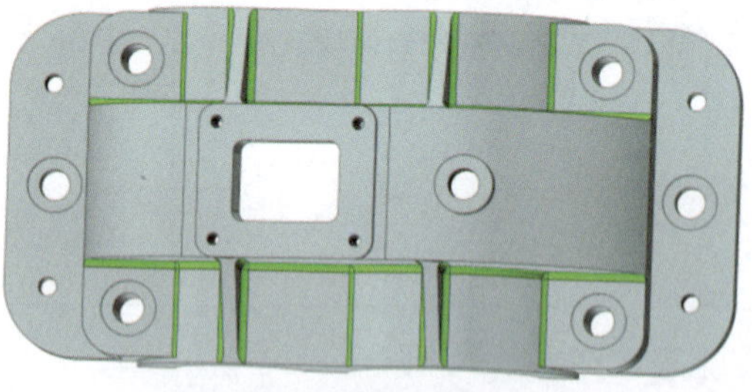
39	使用“倒角”功能，将零件需要倒角的位置全部倒 C0.5 的角。	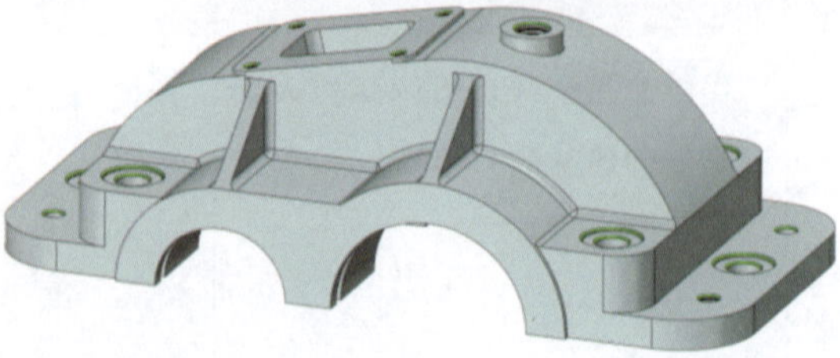

链接知识 K401.1 基本体

造型选项卡中包含六面体、圆柱体、圆锥体、球体、椭球体这五个基本体，默认显示为六面体，点击下拉箭头可选择其他基本体，如图 K401.1-1 所示。

五种基本体的功能和使用方法各不相同，具体如下。

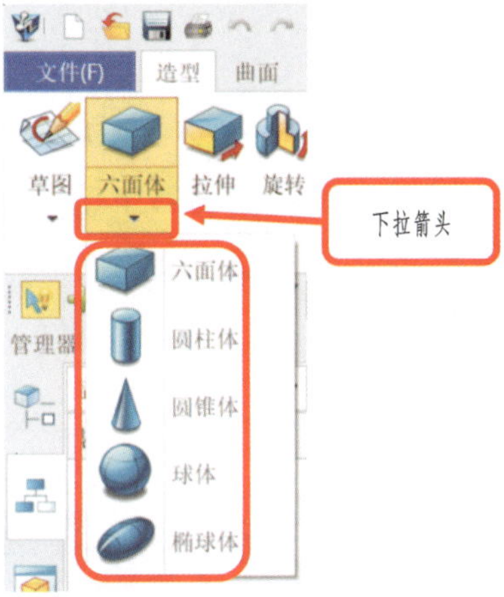

图 K401.1-1　基本体功能

1. 六面体

使用此命令创建一个六面体快速造型特征。这和拉伸矩形命令相似，但此命令仅需输入两个对角点。支持标准的基体、加运算、减运算及交运算，还可使用“中心”或“角点”方法。可选输入包括对齐平面，以及指定不同的 X、Y 和 Z。例如，绘制如图 K401.1-2 所示的图形，使用六面体功能命令完成六面组合体绘图的操作过程如表 K401.1-1 所示。

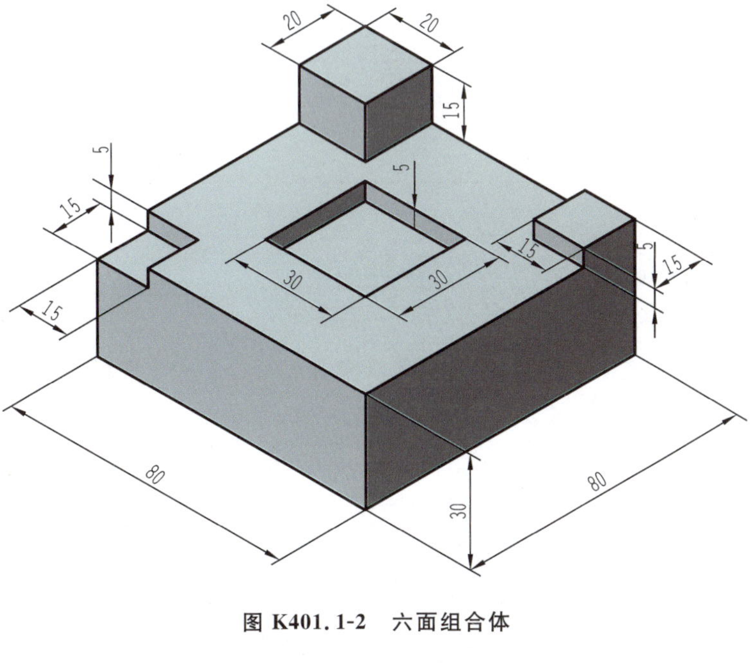

图 K401.1-2　六面组合体

链接知识 K401.1 基本体

表 K401.1-1　六面组合体绘图的操作过程

<table>
<tr><th>软件操作要点</th><th>软件操作简图</th></tr>
<tr><td>点击“造型”选项卡中的“六面体”功能命令，如右图所示。</td><td>
</td></tr>
<tr><td>“六面体”输入管理的必选默认为“(中心)”，点 1 选择坐标系原点，拉出六面体形状得到点 2，如右图所示。</td><td>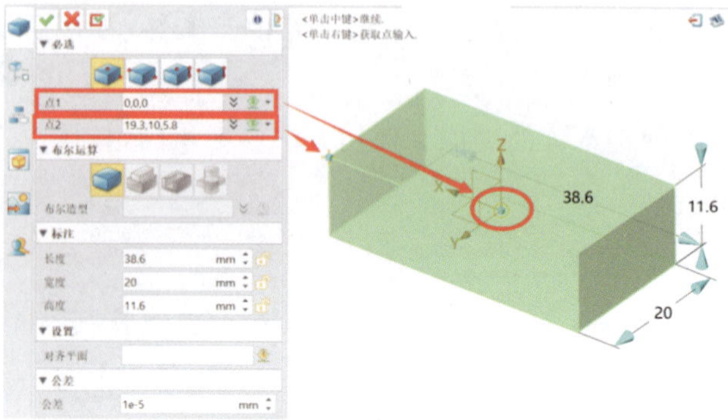
</td></tr>
<tr><td>继续在左侧“六面体”输入管理中设置长度、宽度和高度，点击“ ”，如右图所示。</td><td>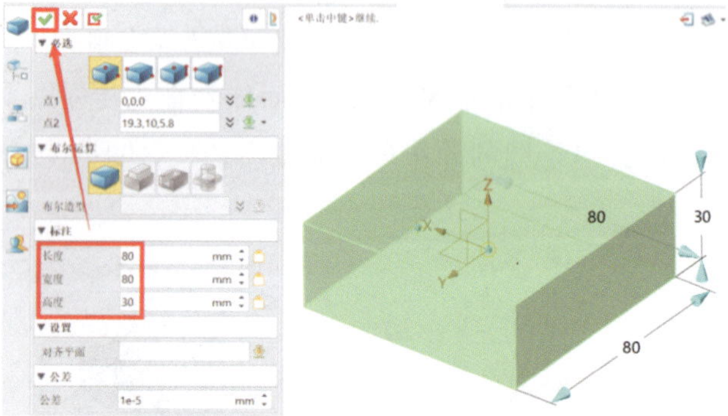
</td></tr>
<tr><td>点击鼠标中键，再次使用“六面体”功能命令，输入管理的必选定位选择“(角点)”，点 1 选择创建的上一个六面体的上表面角点，拉出六面体形状得到点 2，如右图所示。</td><td>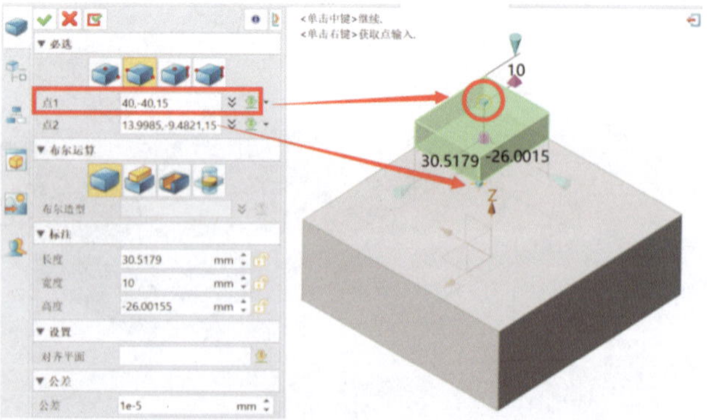
</td></tr>
</table>

软件操作要点	软件操作简图
继续在左侧“六面体”输入管理中设置对齐平面（对齐平面指高度方向平面），以及长度、宽度和高度（根据图形显示正确设置正负），设置布尔运算为加运算“ ”，点击“ ”，如右图所示。	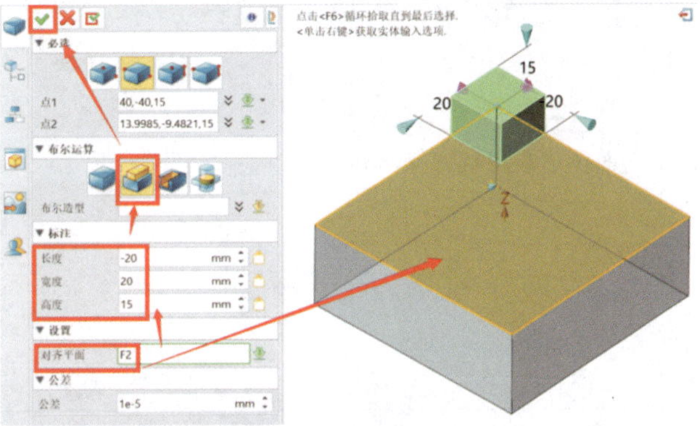
点击鼠标中键，再次使用“六面体”功能命令，输入管理的必选定位选择“ （中心-高度）”，在选择点1位置时先单击右键并选择“两者之间”，如右图所示。	
在“两者之间”输入管理中，点选择第一个六面体上表面的对角，如右图所示，再点击“ ”。	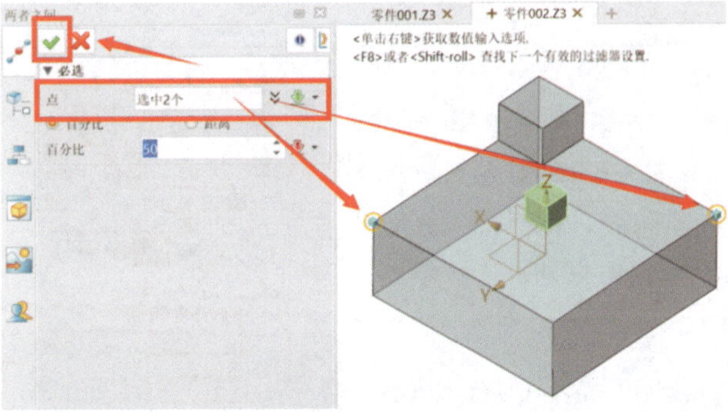

续表

软件操作要点	软件操作简图
拉出六面体形状得到点 2，如右图所示。	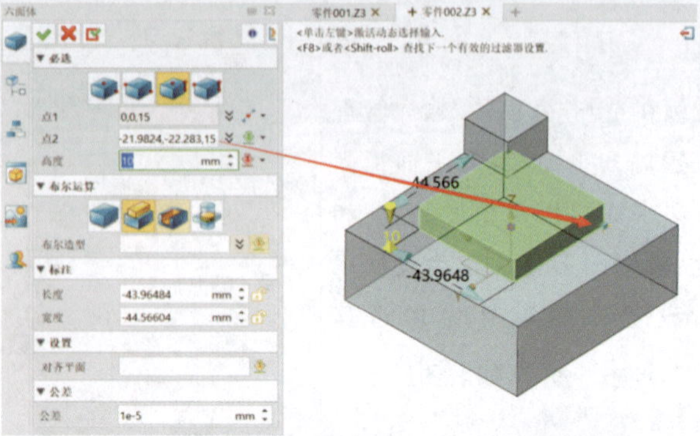
继续在左侧“六面体”输入管理中设置对齐平面（对齐平面指高度方向平面），以及长度、宽度和高度（根据图形显示正确设置正负），设置布尔运算为减运算“”，点击“”，如右图所示。	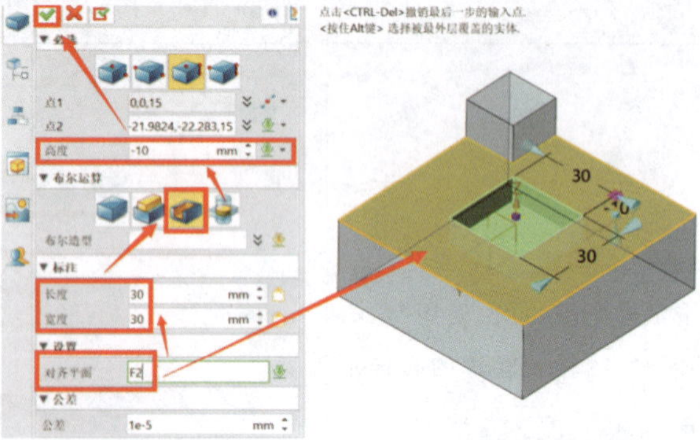
点击鼠标中键，再次使用“六面体”功能命令，输入管理的必选定位选择“（角点-高度）”，点 1 选择上一个创建的六面体的上表面右侧角点上，拉出六面体形状得到点 2，如右图所示。	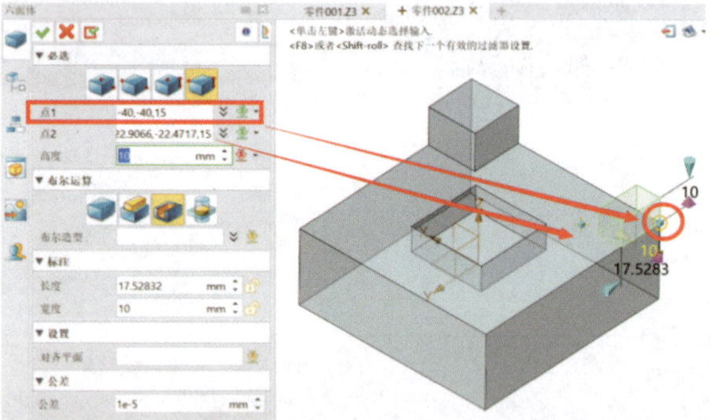
继续在左侧“六面体”输入管理中设置对齐平面（对齐平面指高度方向平面），以及长度、宽度和高度（根据图形显示正确设置正负），设置布尔运算为加运算“”，点击“”，如右图所示。	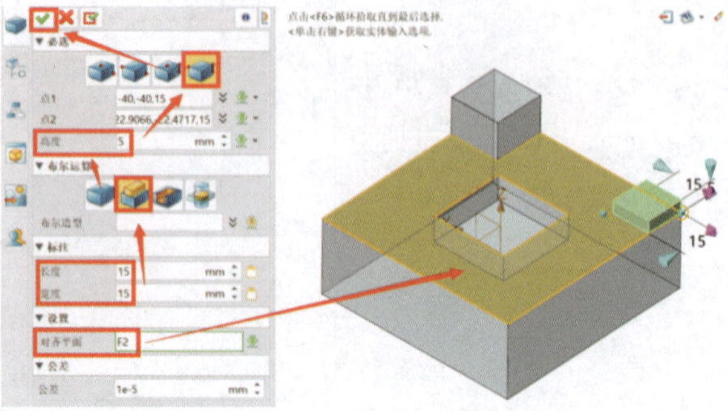

软件操作要点	软件操作简图
点击鼠标中键，再次使用“六面体”功能命令，输入管理的必选定位选择“(角点-高度)”，点 1 选择上一个创建的六面体的上表面左侧角点上，拉出六面体形状得到点 2，如右图所示。	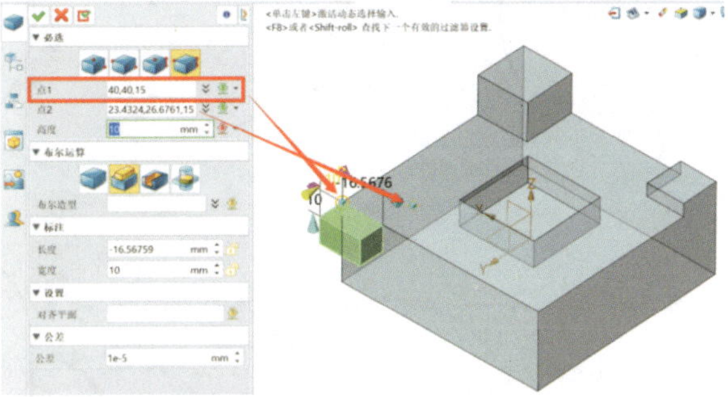
继续在左侧“六面体”输入管理中设置对齐平面(对齐平面指高度方向平面)，以及长度、宽度和高度(根据图形显示正确设置正负)，设置布尔运算为减运算“”，点击“”，如右图所示。	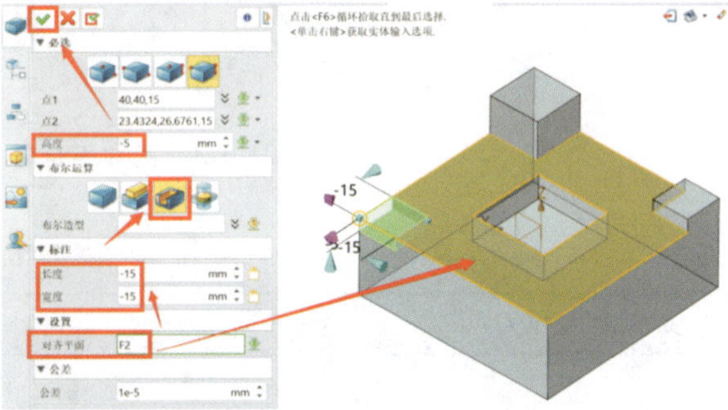
完成六面组合体建模，如右图所示。	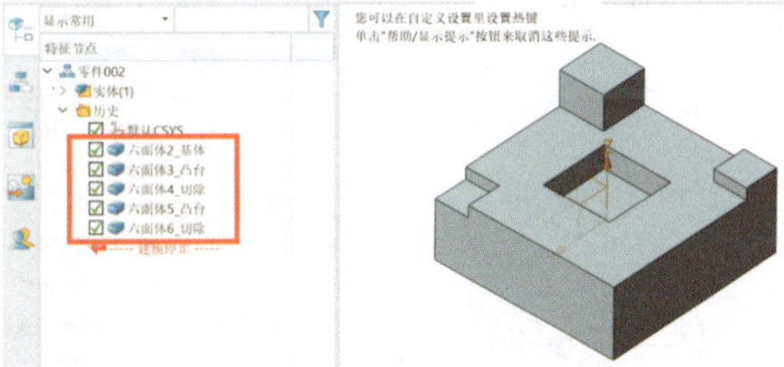

2. 圆柱体

使用此命令创建一个圆柱体快速造型特征。这与拉伸造型命令相似，但此命令仅需输入三个点。支持标准的基体、加运算、减运算及交运算。还可将圆柱体与一个平面对准。例如，绘制如图 K401.1-3 所示的圆柱组合体 2D 图，使用圆柱体功能命令完成圆柱组合体绘图的操作过程如表 K401.1-2 所示。

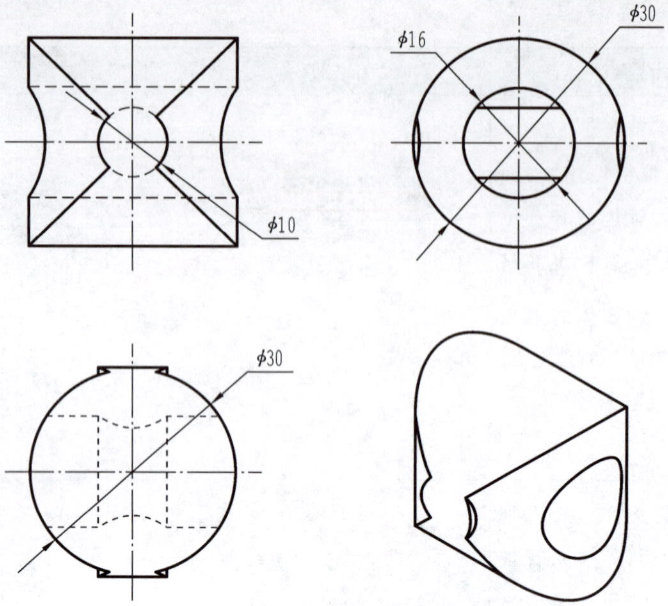

图 K401.1-3　圆柱组合体 2D 图

表 K401.1-2　圆柱组合体绘图的操作过程

软件操作要点	软件操作简图
点击“造型”选项卡中的“六面体”功能命令的下拉箭头“”，再点击“圆柱体”，如右图所示。	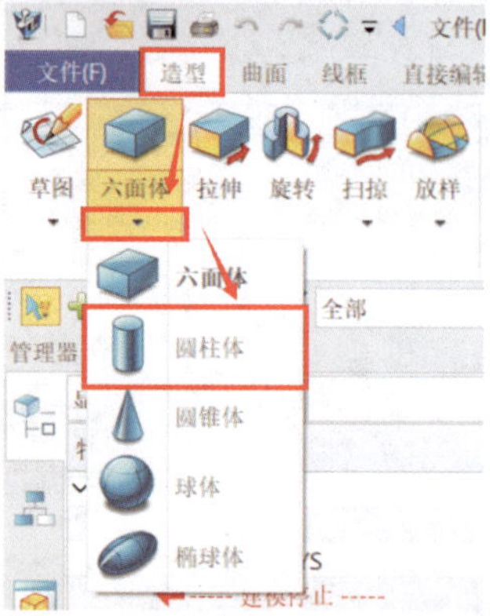
在左侧“圆柱体”输入管理中，中心点位置选择坐标系原点，如右图所示。	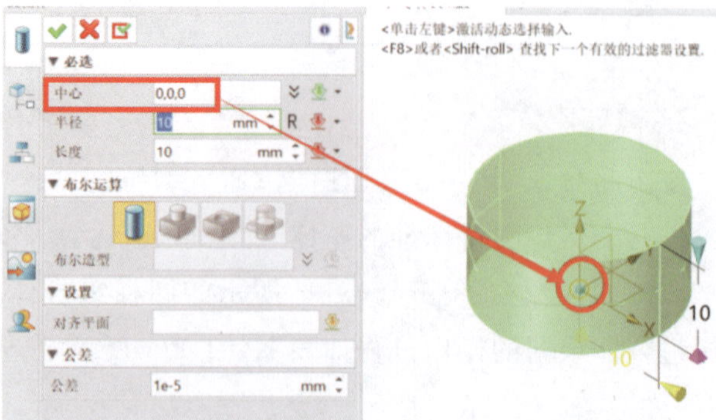

软件操作要点	软件操作简图
继续在左侧“圆柱体”输入管理中点击 R()，让其变为 ϕ()，根据 2D 图设置直径和长度，如右图所示，再点击“ ”。	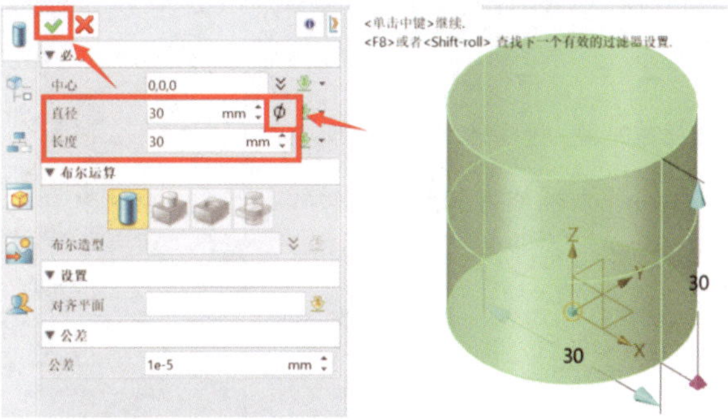
点击鼠标中键，再次使用“圆柱体”功能命令，在输入管理中选择中心点位置时，右键点击空白区域，在弹出的选择菜单中点击“两者之间”。	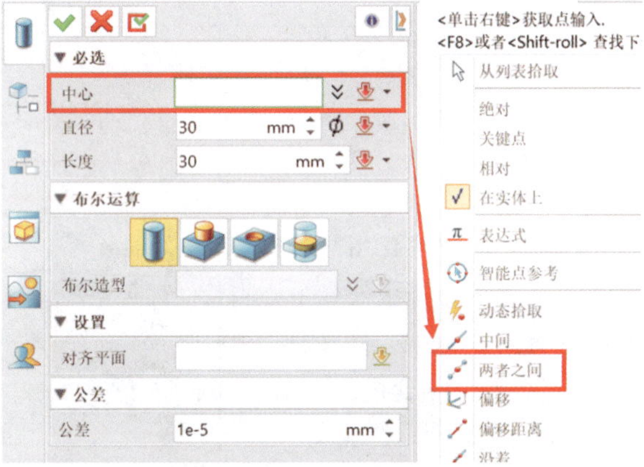
在左侧“两者之间”输入管理中选择如右图所示的点位(两点为圆的象限点)，再点击“ ”。	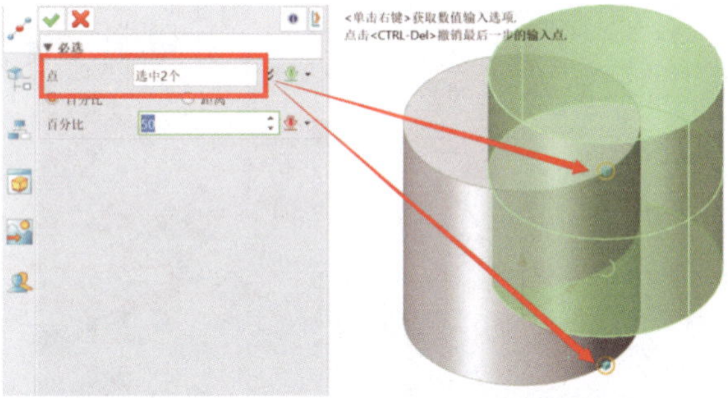
继续在左侧“圆柱体”输入管理中设置对齐平面，选择 YZ 平面(选择时需要缩小零件直至看见 YZ 平面为止)，再点击“ ”。	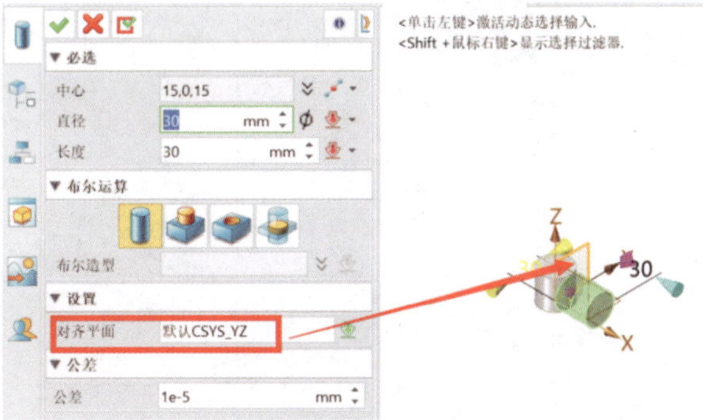

链接知识
K401.1
基本体

软件操作要点	软件操作简图
继续在左侧“圆柱体”输入管理中设置布尔运算为减运算“”，根据 2D 图设置直径和长度，如右图所示，再点击“”。	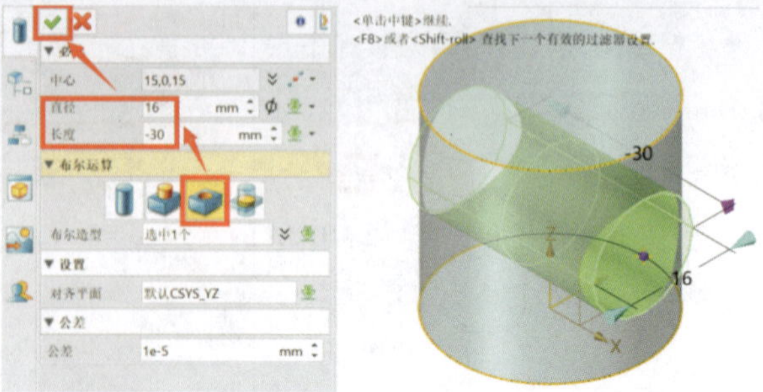
点击鼠标中键，再次使用“圆柱体”功能命令，在输入管理中选择中心点位置时，右键点击空白区域，在弹出的选择菜单中点击“两者之间”。	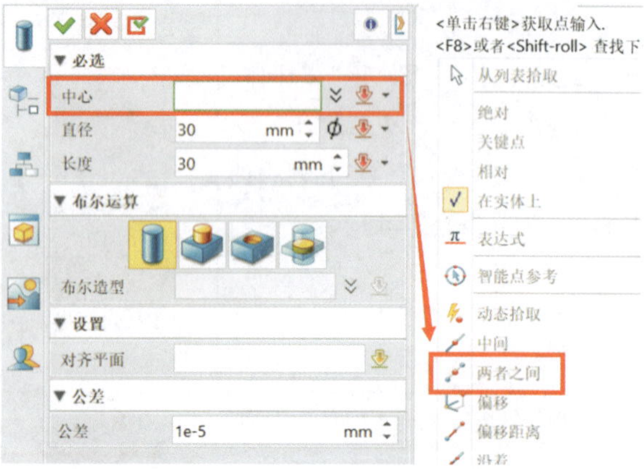
在左侧“两者之间”输入管理中选择如右图所示的点位（两点为圆的象限点），再点击“”。	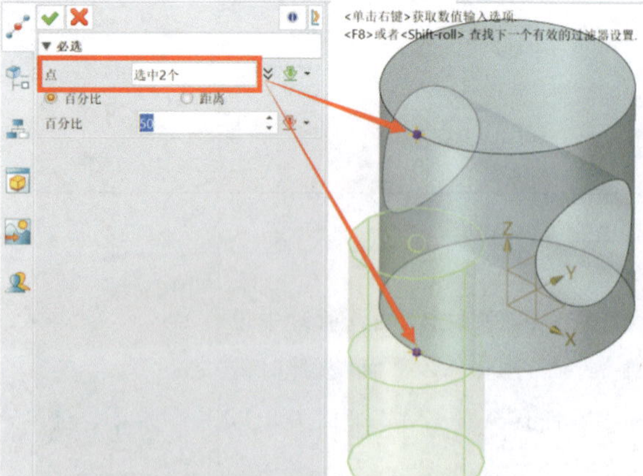

<table>
<tr><th>软件操作要点</th><th>软件操作简图</th></tr>
<tr><td>继续在左侧“圆柱体”输入管理中设置对齐平面，选择 XZ 平面(选择时需要缩小零件直至看见 XZ 平面为止)，再点击“”。</td><td>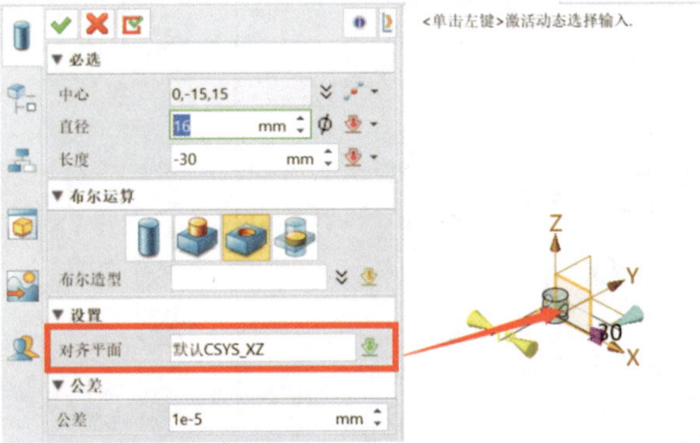
</td></tr>
<tr><td>继续在左侧“圆柱体”输入管理中设置布尔运算为加运算“”，根据 2D 图设置直径和长度，如右图所示，再点击“”。</td><td>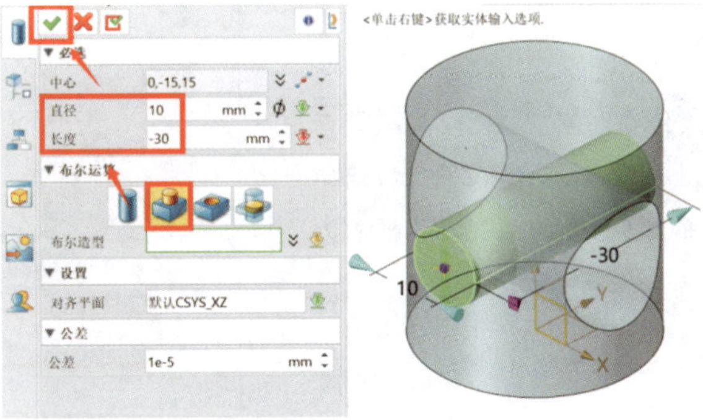
</td></tr>
<tr><td>点击鼠标中键，再次使用“圆柱体”功能命令，在输入管理中选择中心点位置时，右键点击空白区域，在弹出的选择菜单中点击“两者之间”。</td><td>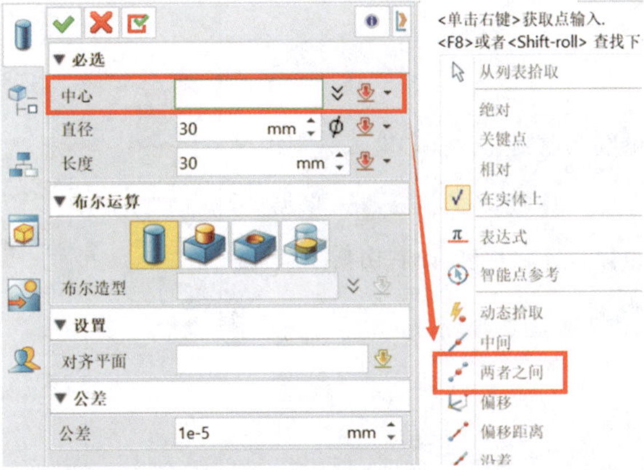
</td></tr>
</table>

续表

软件操作要点	软件操作简图
在左侧“两者之间”输入管理中选择如右图所示的点位（两点为圆的象限点），再点击“✔”。	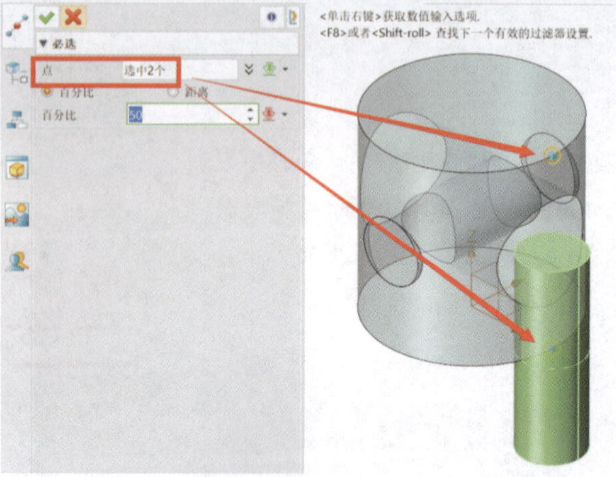
继续在左侧“圆柱体”输入管理中设置对齐平面，选择 YZ 平面（选择时需要缩小零件直至看见 YZ 平面为止），再点击“✔”。	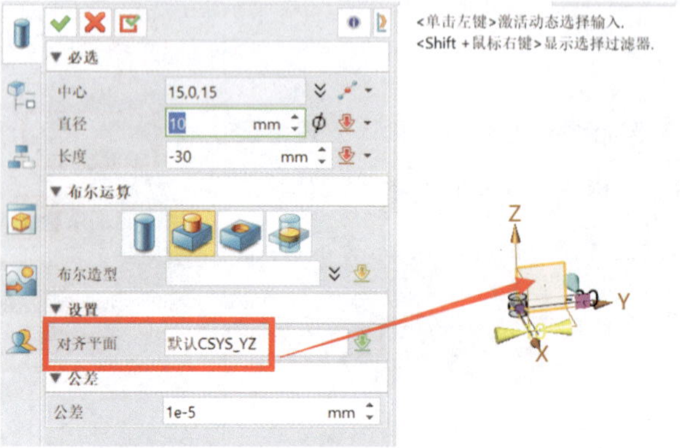
继续在左侧“圆柱体”输入管理中设置布尔运算为交运算“ ”，根据 2D 图设置直径和长度，如右图所示，再点击“✔”。	

软件操作要点	软件操作简图
完成圆柱组合体建模，如右图所示。	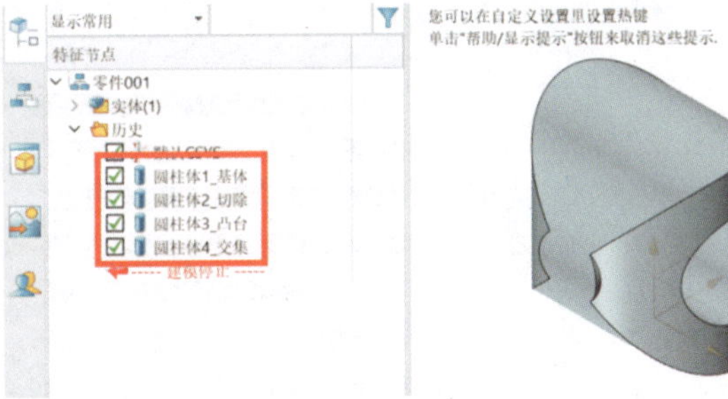

3. 圆锥体

使用此命令创建一个圆锥体或截锥体快速造型特征。可让第二个半径默认为 0 创建一个圆锥体，或指定其他值创建一个截锥体。支持标准的基体、加运算、减运算及交运算。还可将圆锥体/截锥体与一个平面对齐。例如，绘制如图 K401.1-4 所示的截锥体 2D 图，使用圆锥体功能命令完成截锥体绘图的操作过程如表 K401.1-3 所示。

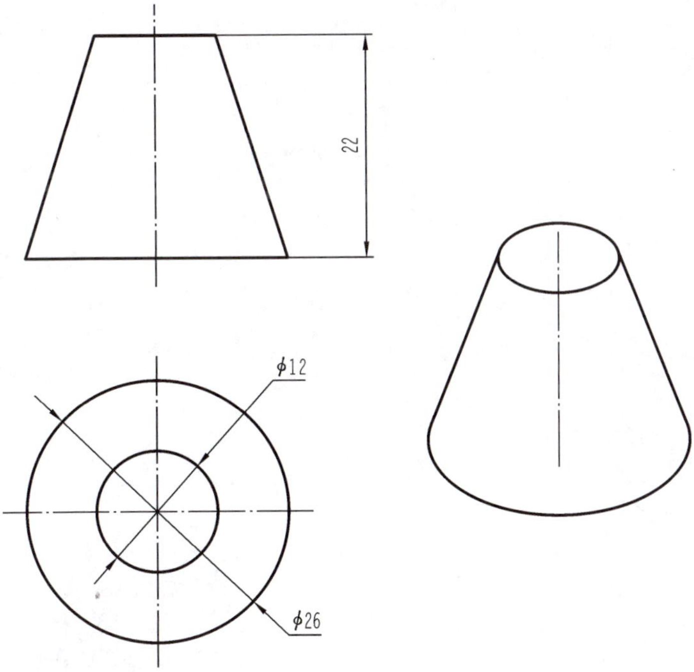

图 K401.1-4　截锥体 2D **图**

表 K401.1-3　截锥体绘图的操作过程

<table>
<tr><th>软件操作要点</th><th>软件操作简图</th></tr>
<tr><td>点击“造型”选项卡中的“六面体”功能命令的下拉箭头“”，再点击“圆锥体”，如右图所示。</td><td></td></tr>
<tr><td>在左侧“圆锥体”输入管理中，中心点位置选择坐标系原点，如右图所示。</td><td>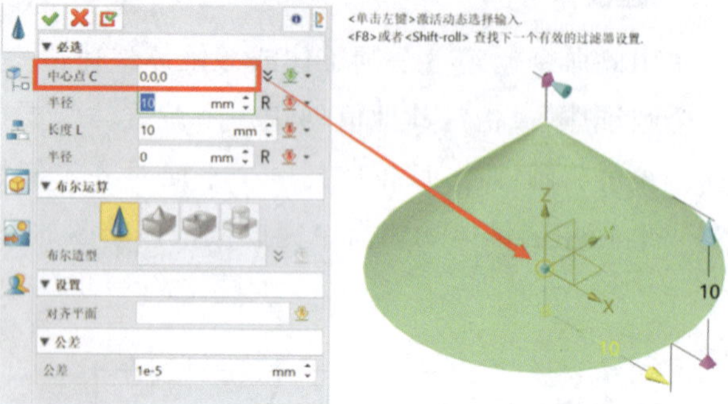</td></tr>
<tr><td>继续在左侧“圆柱体”输入管理中点击 R（），让其变为 ϕ（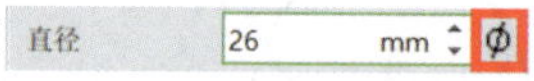），根据 2D 图设置直径（底端直径）、长度和直径（上端直径），如右图所示，再点击“”。</td><td>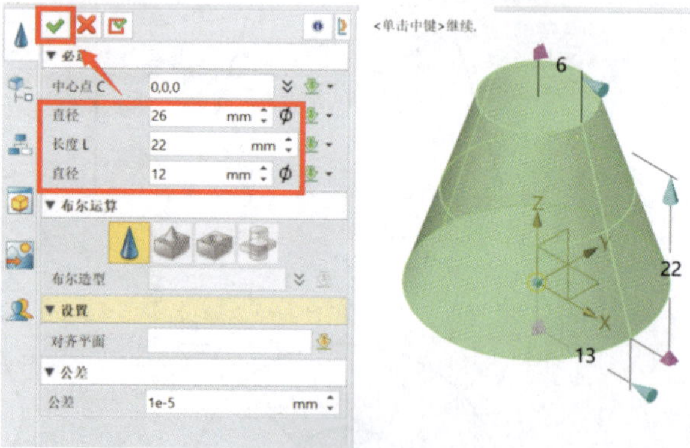</td></tr>
<tr><td>完成截锥体建模，如右图所示。</td><td>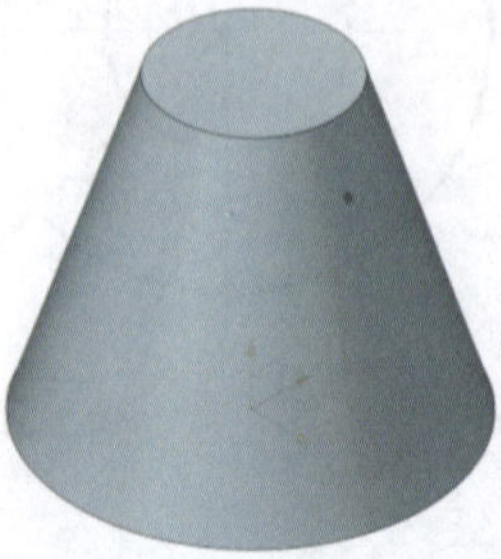</td></tr>
</table>

4. 球体

使用此命令创建一个球体快速造型特征。可创建一个基体特征或添加一个球体到布尔造型、从布尔造型移除一个球体、使球体与布尔造型求交。此命令将创建一个可编辑的特征标注。例如，绘制直径为 30 mm 的球体，使用球体功能命令完成球体绘图的操作过程如表 K401.1-4 所示。

表 K401.1-4　球体绘图的操作过程

软件操作要点	软件操作简图
点击“造型”选项卡中的“六面体”功能命令的下拉箭头“”，再点击“球体”，如右图所示。	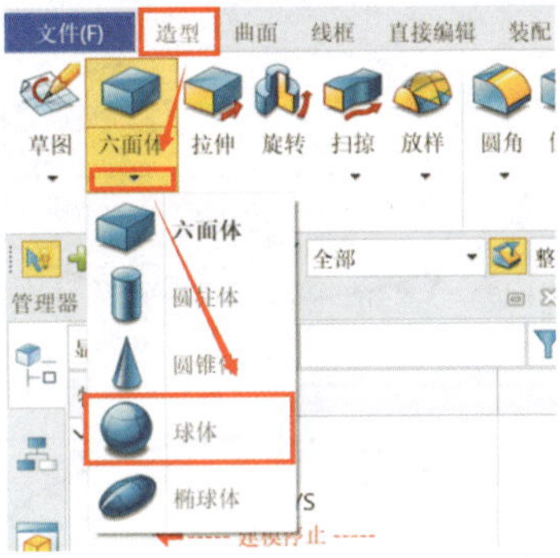
在左侧“球体”输入管理中，中心点位置选择坐标系原点，如右图所示。	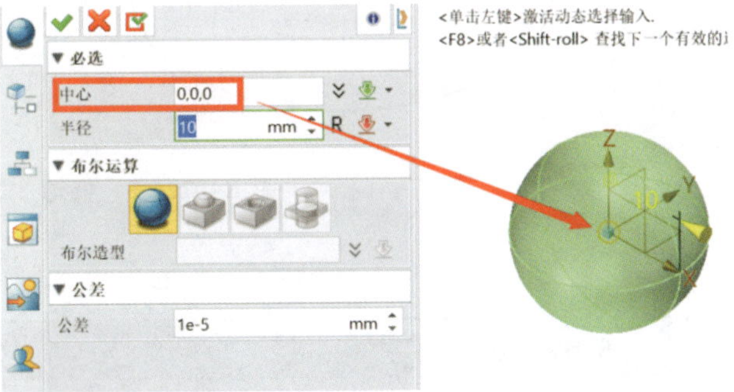
继续在左侧“球体”输入管理中点击 R（），让其变为 ϕ（），设置球体直径，如右图所示，再点击“”。	
完成球体建模，如右图所示。	

5. 椭球体

使用此命令创建一个椭球体快速造型特征。可创建一个基体特征或添加一个椭球体到布尔造型、从布尔造型移除一个椭球体、使椭球体与布尔造型求交。此命令将创建一个可编辑的特征标注，还可将特征与一个基准平面或其他面对齐。例如，绘制图 K401.1-5 所示的椭球 2D 图，使用椭球体功能命令完成椭球绘图的操作过程如表 K401.1-5 所示。

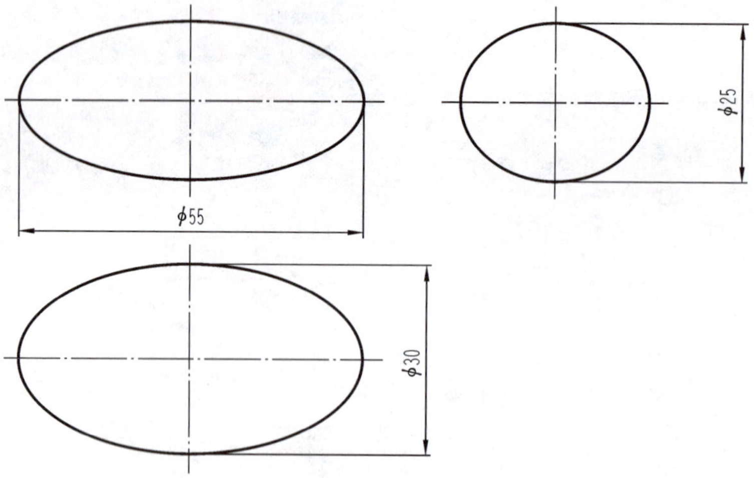

图 **K401.1-5** 椭球 2D 图

表 K401.1-5 椭球体绘图的操作过程

软件操作要点	软件操作简图
点击“造型”选项卡中的“六面体”功能命令的下拉箭头“”，再点击“椭球体”，如右图所示。	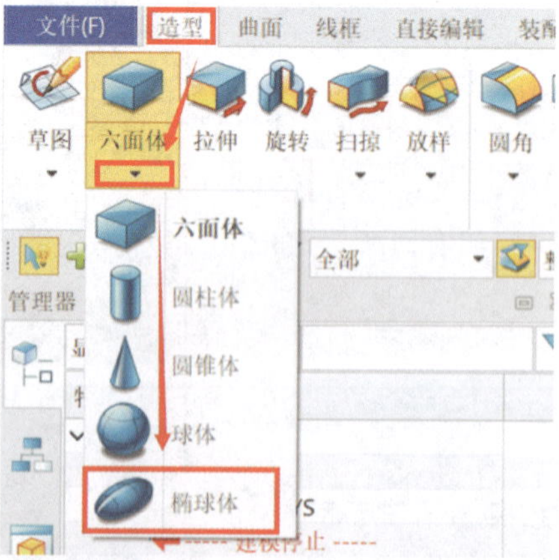

软件操作要点	软件操作简图
在左侧“椭球体”输入管理中，中心点位置选择坐标系原点，如右图所示。	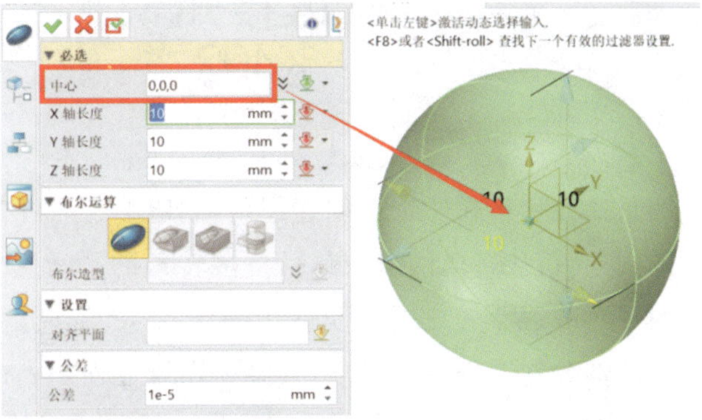
继续在左侧“椭球体”输入管理中设置X轴长度、Y轴长度、Z轴长度，如右图所示，再点击“✔”。	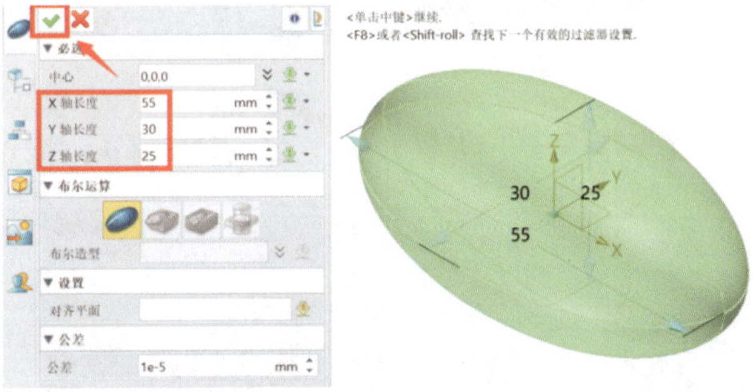
完成椭球体建模，如右图所示。	

链接知识 K402.1 圆角

圆角功能用于在所选边创建圆角，创建不变与可变的圆角、桥接转角。创建不变与可变的圆角、桥接转角的参数包括桥接转角的平滑度、圆弧类型或二次曲线比率、可变圆角属性。减速器的建模流程中，第 2 步是在第 1 步完成的基础模型的基础上对有工艺要求的部分轮廓进行倒圆角，其具体操作过程如表 K402.1-1 所示。

表 K402.1-1　倒圆角操作过程

软件操作要点	软件操作简图
点击“造型”选项卡中的“圆角”功能命令，如右图所示。	
选择需要倒圆角的边，并在左侧“倒圆角”输入管理中根据图纸设置半径 R，如右图所示，再点击“✔”。	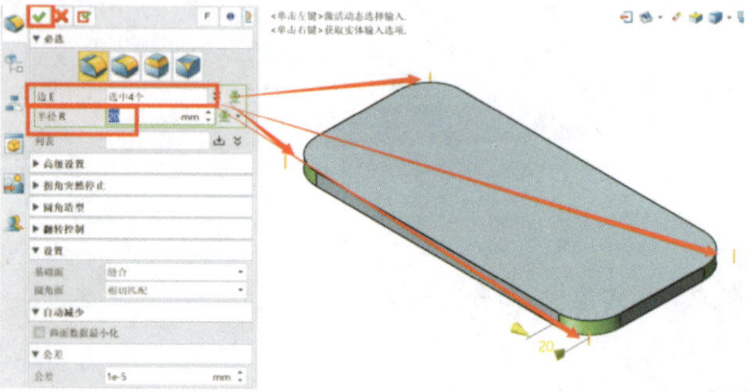
完成箱盖建模第 2 步倒圆角，如右图所示。	

链接知识 K402.4 孔

孔功能可用于创建常规孔、间隙孔、螺纹孔和轮廓孔，其支持不同的孔造型，包括简单孔、锥形孔、沉孔、台阶孔和台阶面孔。这些孔可以有不同的结束端类型，包括盲孔、终止面和通孔。在建模操作中，可根据实际情况从中望3D其他模块中提取孔的相关属性(例如工程图和CAM加工轨迹)。其中，间隙孔是针对标准螺丝的过孔生成使用的，以标准GB及M8螺丝为例，孔规格详细的参数如表K402.4-1所示，链接知识K701中，减速器箱盖的建模流程中，生成了2个M6螺纹孔、2个$\phi5$圆柱销孔、2个M8螺丝台阶过孔，在前面步骤完成的基础上生成孔，具体操作过程如表K402.4-2所示。

表 K402.4-1　孔规格参数表

<table>
<tr><td>标准</td><td colspan="12">GB</td></tr>
<tr><td>尺寸</td><td colspan="12">M8</td></tr>
<tr><td rowspan="2">孔造型</td><td colspan="4">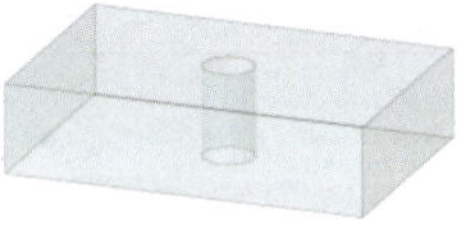
简单孔</td><td colspan="4">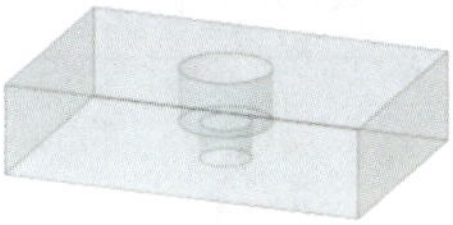
台阶孔</td><td colspan="4">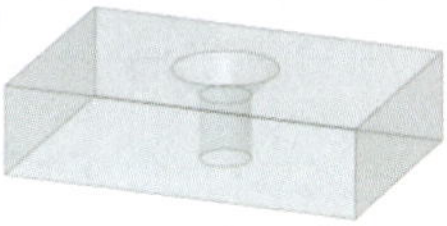
沉孔</td></tr>
<tr><td colspan="4">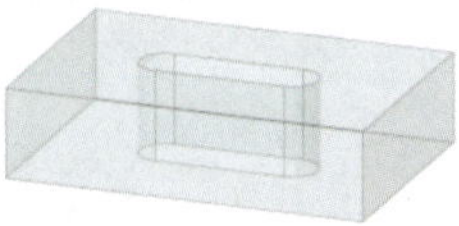
槽</td><td colspan="4">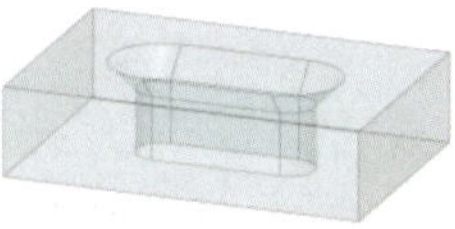
锥孔槽</td><td colspan="4">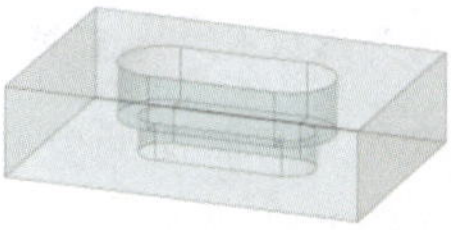
柱孔槽</td></tr>
<tr><td>螺旋类型</td><td colspan="3">内六角螺钉(Socket Head Cap Screw)</td><td colspan="3">内六角圆柱头轴肩螺钉(Shoulder Screw)</td><td colspan="3">开槽大圆柱螺钉(Cheese Head)</td><td colspan="3">六角头螺栓(Hex Head Bolt)</td></tr>
<tr><td>配合</td><td colspan="3">紧(Close)</td><td colspan="3">正常(Normal)</td><td colspan="3">松(Loose)</td><td colspan="3">自定义(Custom)</td></tr>
</table>

表 K402.4-2 生成孔操作过程

软件操作要点	软件操作简图
创建好用于定位孔位的草图，如右图所示。	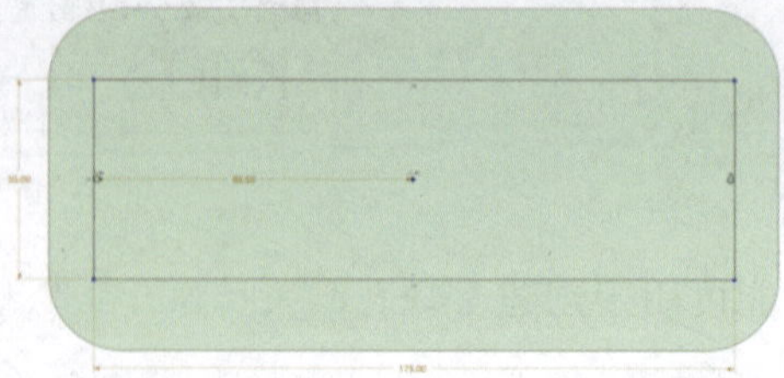
点击“造型”选项卡中的“孔”功能命令，如右图所示。	
依据草图选择 2 个 M6 螺纹孔位置，如右图所示。	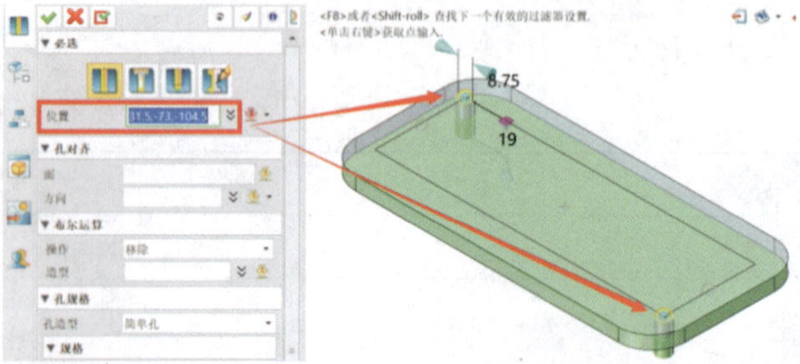
在左侧“孔”输入管理中，将必选选择为螺纹孔，在螺纹中设置螺纹尺寸和深度类型，在规格中设置结束端，如右图所示，再点击“ ”。	

续表

软件操作要点	软件操作简图
点击鼠标中键，重复使用“孔”功能命令，在左侧“孔”输入管理中，将必选选择为普通孔，根据草图选择 2 个 $\phi5$ 圆柱销孔的位置，在规格中设置直径和结束端，如右图所示，再点击“ ”。	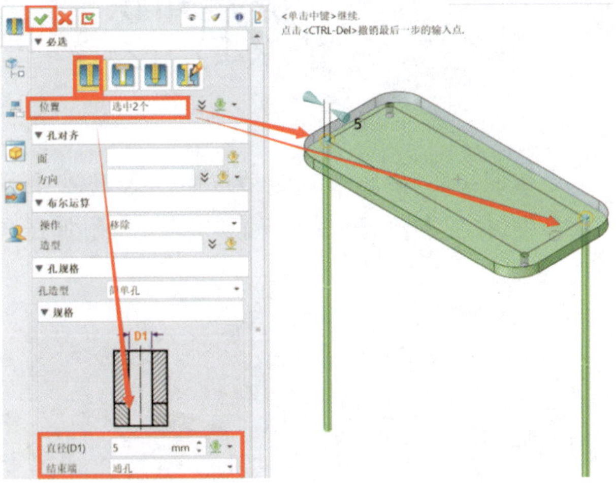
点击鼠标中键，重复使用“孔”功能命令，在左侧“孔”输入管理中，将必选选择为间隙孔，根据草图选择 2 个 M8 螺丝台阶过孔的位置，在孔规格中设置孔造型、标准、螺旋类型、尺寸和配合，在规格里调整 H2，如右图所示，再点击“ ”。	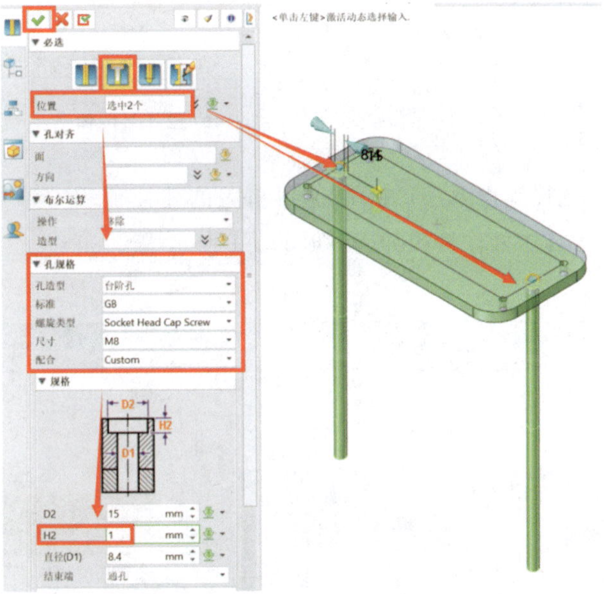
完成 2 个 M6 螺纹孔、2 个 $\phi5$ 圆柱销孔、2 个 M8 螺丝台阶过孔的生成，如右图所示。	

链接知识
K402.4
孔

链接知识 K401.2 拉伸

对于拉伸功能，必选输入包括拉伸方法、拉伸轮廓和起始/结束位置。可选输入包括拔模角度、拉伸方向、扭曲点、偏移和封口、附加选项。拉伸造型举例如图 K401.2-1 所示。

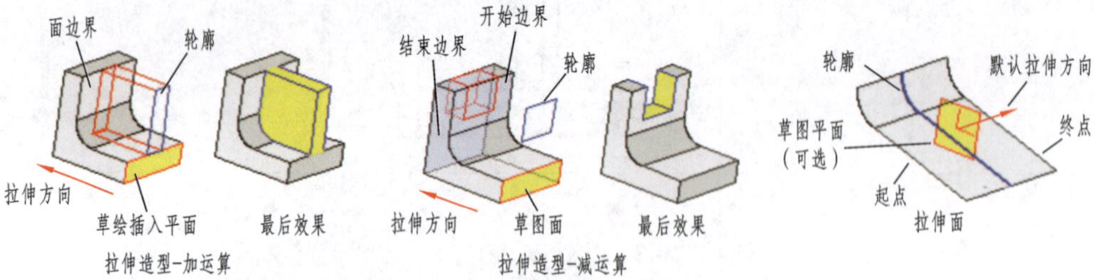

图 K401.2-1　拉伸造型举例

链接知识 K701 中，减速器箱盖的建模流程中，第 10 步需要用拉伸功能创建实体轮廓，具体操作过程如表 K401.2-1 所示。

表 K401.2-1　拉伸操作过程

软件操作要点	软件操作简图
创建好用于拉伸的草图，如右图所示。	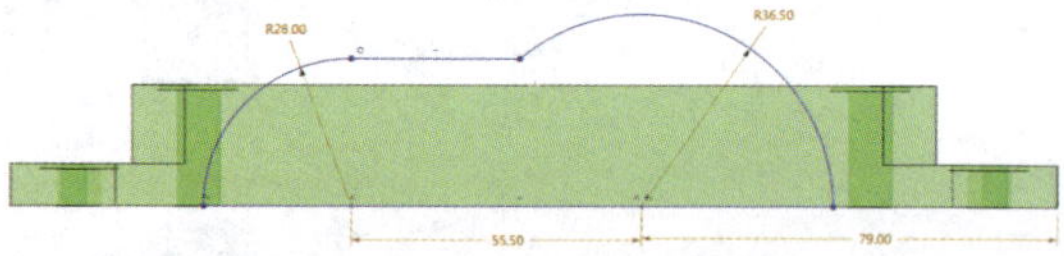
点击“造型”选项卡中的“拉伸”功能命令，如右图所示。	

续表

软件操作要点	软件操作简图
在左侧“拉伸”输入管理中选择草图轮廓，设置拉伸类型，设置结束点距离，选择布尔运算，如右图所示，再点击“✔”。	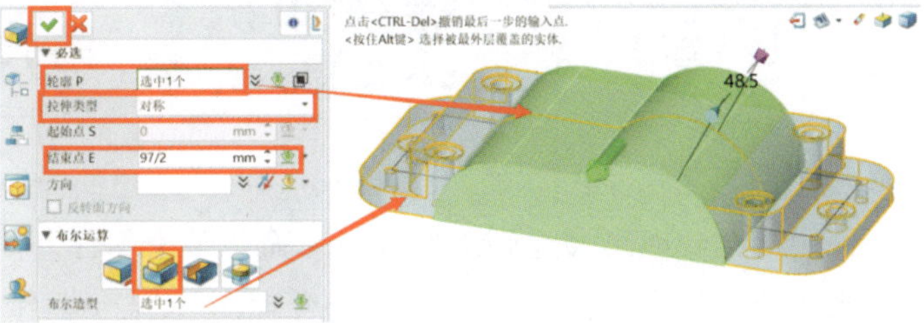
完成拉伸后的实体模型，如右图所示。	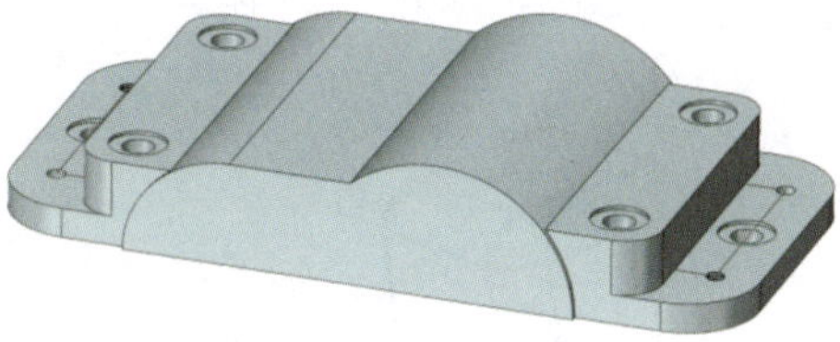

链接知识
K401.2
拉伸

链接知识 K403.6 简化

使用简化功能可通过删除所选面来简化某个零件。简化命令会试图延伸和重新连接面来闭合零件中的间隙。如果不能合理闭合这个零件，系统会反馈一个错误消息。选择要删除的面，然后点击鼠标中键进行删除。另外，也可以移除或隐藏包含这些面的特征。简化圆角示例如图 K403.6-1 所示。

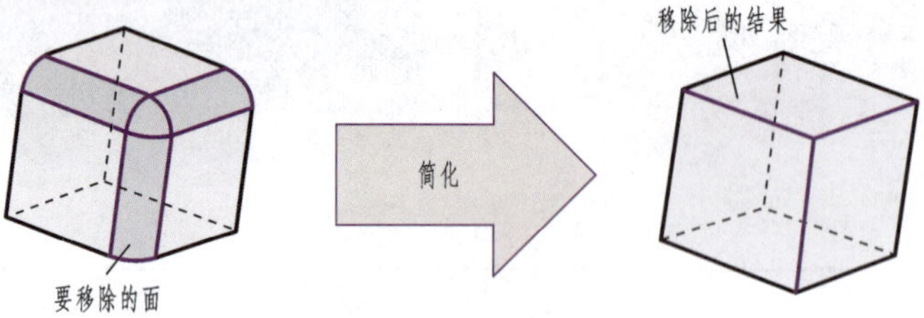

图 K403.6-1　简化圆角示例

链接知识 K701 中，减速器箱盖的建模流程中，第 11 步需要用简化功能去除拉伸时产生的多余的部分，具体的操作过程如表 K403.6-1 所示。

表 K403.6-1　简化操作过程

软件操作要点	软件操作简图
点击“造型”选项卡中的“简化”功能命令，如右图所示。	
在左侧“简化”输入管理中选择拉伸时多出的部分，如右图所示，再点击“”。	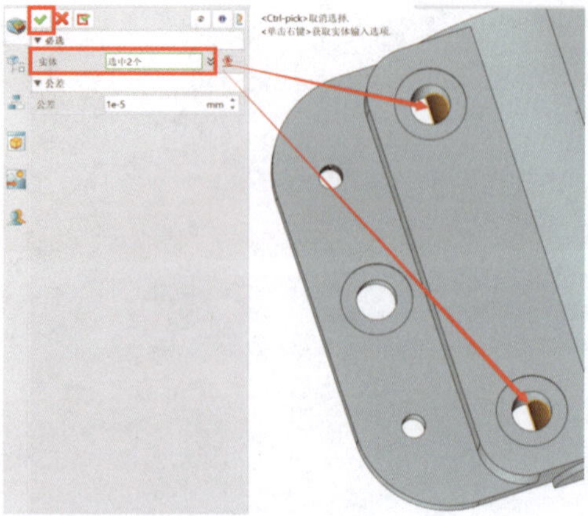

软件操作要点	软件操作简图
完成简化后的实体模型，如右图所示。	

链接知识 K403.1 面偏移

可使用面偏移功能偏移一个或多个外壳面。壳体可以是一个开放或封闭的实体。必选输入包括要偏移的面和偏移的距离。偏移单一平面示例如图 K403.1-1 所示。

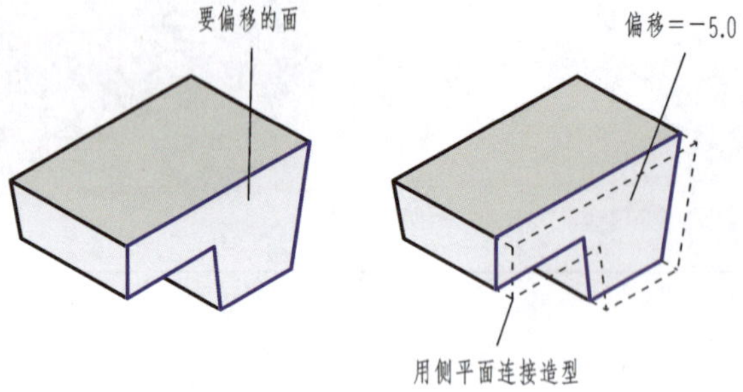

图 K403.1-1　偏移单一平面示例

链接知识 K701 中，减速器箱盖的建模流程中，第 20 步用面偏移功能将面移动到需要的深度，具体的操作过程如表 K403.1-1 所示。

表 K403.1-1　面偏移操作过程

软件操作要点	软件操作简图
点击“造型”选项卡中的“面偏移”功能命令，如右图所示。	
在左侧“面偏移”输入管理中，选择实体需要偏移的面，如右图所示。	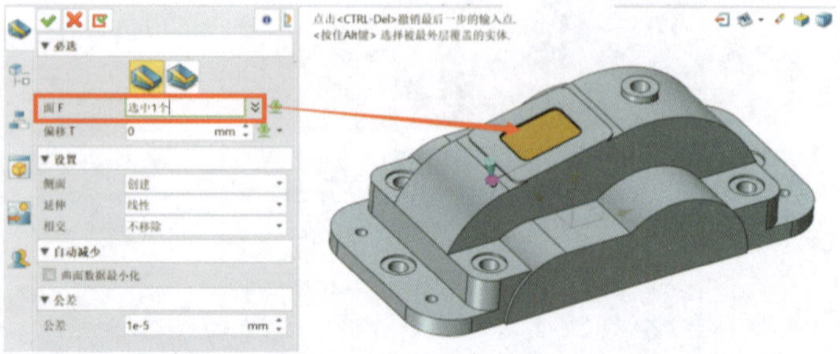

软件操作要点	软件操作简图
在左侧“面偏移”输入管理中设置偏移距离、侧面和相交相关参数，如右图所示，再点击“✔”。	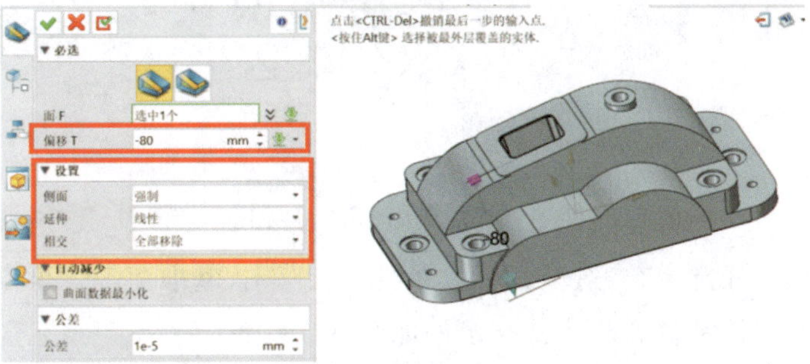
完成面偏移后的实体模型，如右图所示。	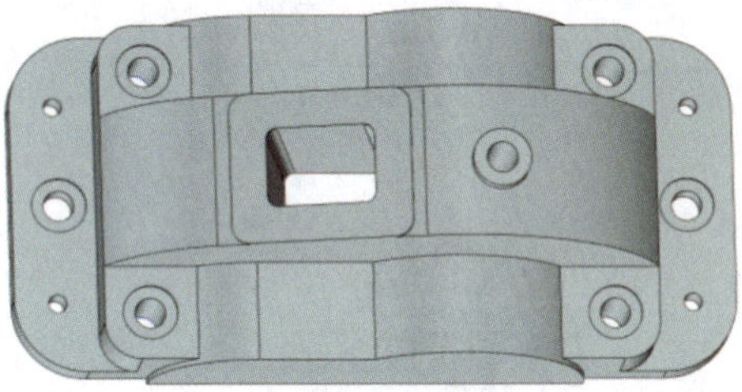

链接知识
K403.1

面偏移

链接知识 K404.2 实体镜像

实体镜像功能分为镜像几何体和镜像特征两种，使用此命令可镜像以下对象的任意组合：造型、零件、曲线、点、草图、基准面等。可以极大地提高建模的效率。镜像实体零件和凸台特征示例如图 K404.2-1 所示。

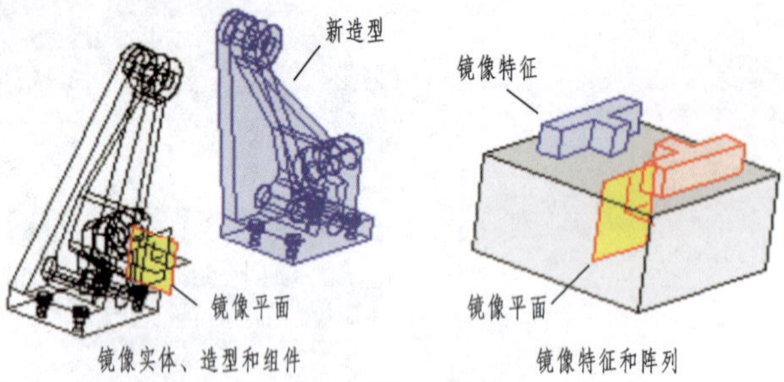

图 K404.2-1　镜像实体零件和凸台特征示例

链接知识 K701 中，减速器箱盖的建模流程中，第 26 步用镜像特征功能完成了零件上圆弧槽特征的镜像操作，具体的操作过程如表 K404.2-1 所示。

表 K404.2-1　实体镜像操作过程

软件操作要点	软件操作简图
点击“造型”选项卡中的“镜像特征”功能命令，如右图所示。	
在左侧“镜像特征”输入管理中，选择实体特征，选择中间平面，如右图所示，再点击“✔”。	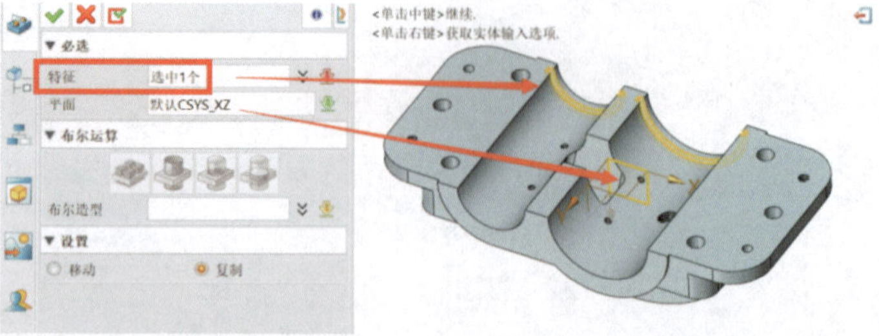

续表

软件操作要点	软件操作简图
完成镜像特征后的实体模型,如右图所示。	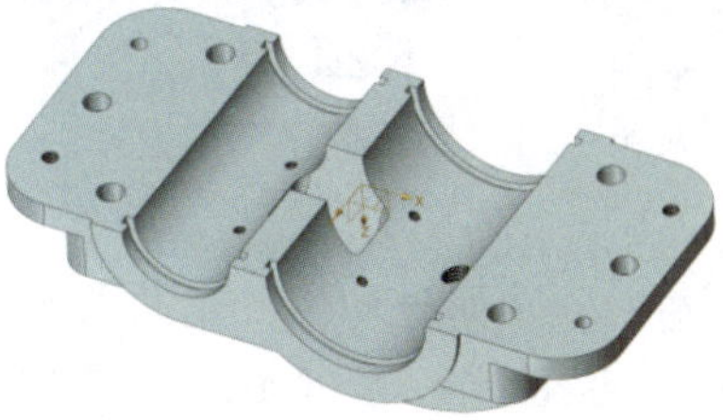

链接知识 K405.2　基准 CSYS

使用基准 CSYS 功能可插入一个新的基准坐标系。用户可以采用基准坐标系建立一个参考坐标系。基准坐标系(Datum CSYS)由原点,X、Y、Z 三个基准轴,三个基准平面组成。原点类似于一般点实体,可作为点捕捉等参考使用;3 个基准轴可作为独立实体,可作为一般方向的参考使用;3 个基准面可作为一般的基准面使用;基准坐标系整体可作为独立的实体使用。在绘图区域绘制三个基准轴,三个基准面,一个原点,并标记各基准轴的名称(即 X,Y,Z)。在默认情况下,基准坐标系作为整体选择,默认颜色为棕色,样式如图 K405.2-1 所示。

图 K405.2-1　基准 CSYS 坐标系

链接知识 K701 中,减速器箱盖的建模流程中,第 30 步需要在特征位置建立基准 CSYS,具体的操作过程如表 K405.2-1 所示。

表 K405.2-1　建立基准 CSYS 操作过程

软件操作要点	软件操作简图
点击"造型"选项卡中的"基准面"功能下拉菜单中,点击"基准 CSYS",如右图所示。	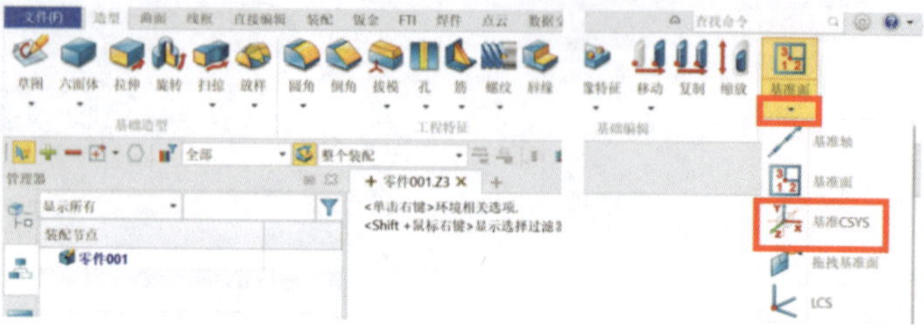
在左侧"基准 CSYS"输入管理中,选择动态 ,位置选择在圆弧中心,如右图所示,再点击" "。	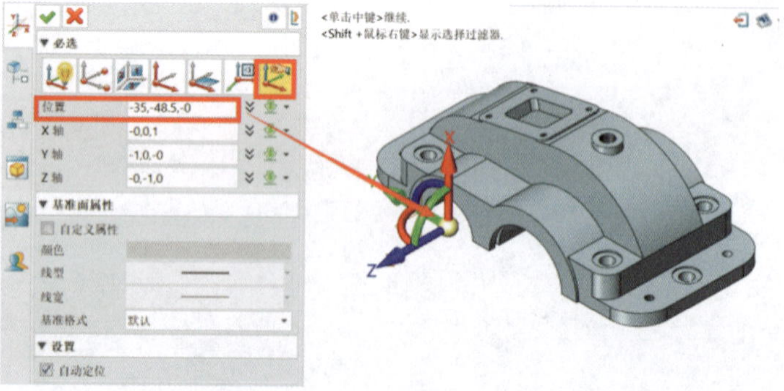

软件操作要点	软件操作简图
完成建立基准 CSYS,如右图所示。	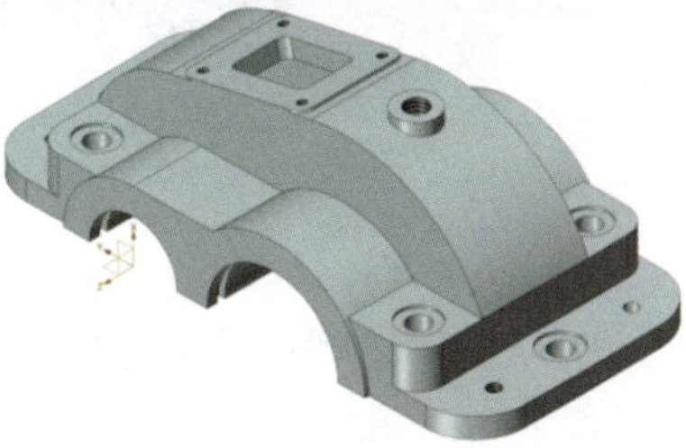

链接知识 K402.5 筋

使用筋功能可用一个开放轮廓草图创建一个筋特征。必选输入包括轮廓、宽度、拔模角度、包络框和参考平面。包络框可以限制或扩展筋特征的范围，如图 K402.5-1 所示。

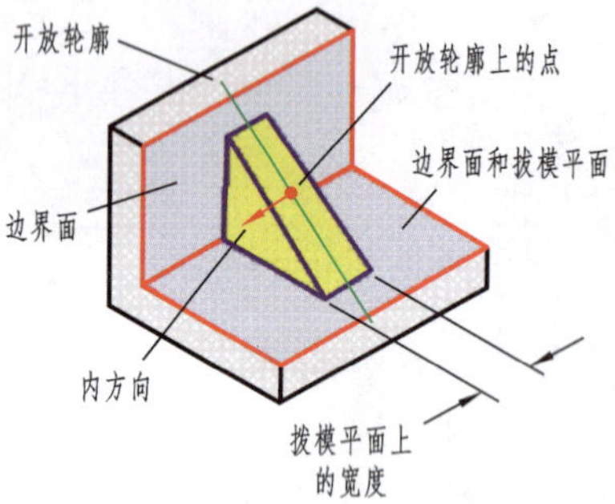

图 K402.5-1　筋

链接知识 K701 中，减速器箱盖的建模流程中，第 32 步需要在零件上创建一根加强筋，具体的操作过程如表 K402.5-1 所示。

表 K402.5-1　创建加强筋操作过程

软件操作要点	软件操作简图
创建筋特征的草图，如右图所示。	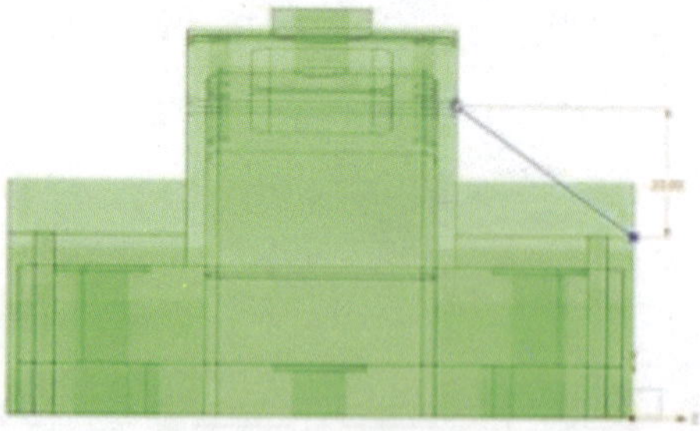
点击“造型”选项卡中的“筋”功能命令，如右图所示。	

续表

软件操作要点	软件操作简图
在左侧“筋”输入管理中，选择轮廓草图，设置宽度，设置反转材料方向时注意箭头方向朝向零件内，如右图所示，再点击“✔”。	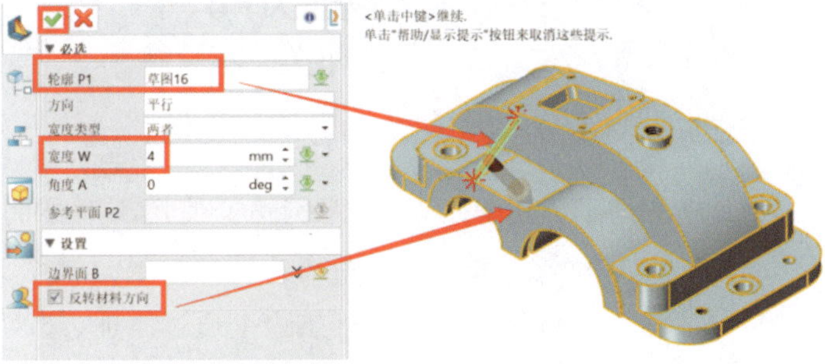
完成创建加强筋，如右图所示。	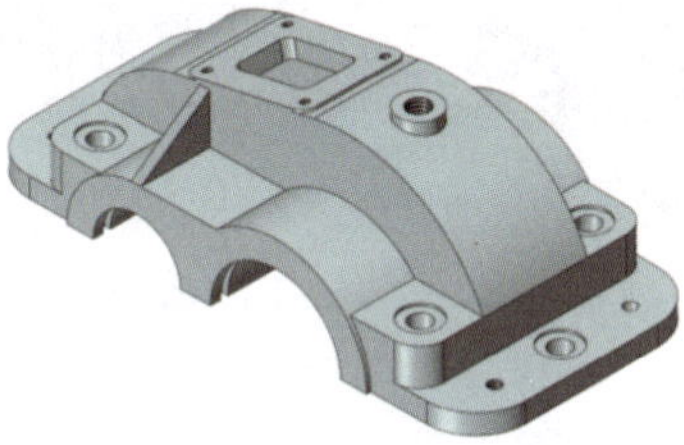

链接知识
K402.5
筋

链接知识 K402.2 倒角

倒角功能用于创建等距、不等距倒角。使用不对称倒角命令可创建具有不同缩进距离的倒角。通过高级选项卡的变距倒角选项可在某条边上通过添加、修改或删除属性来创建不同的倒角。这个命令可灵活使得不变倒角转变为可变倒角。倒角示例如图 K402.2-1 所示。

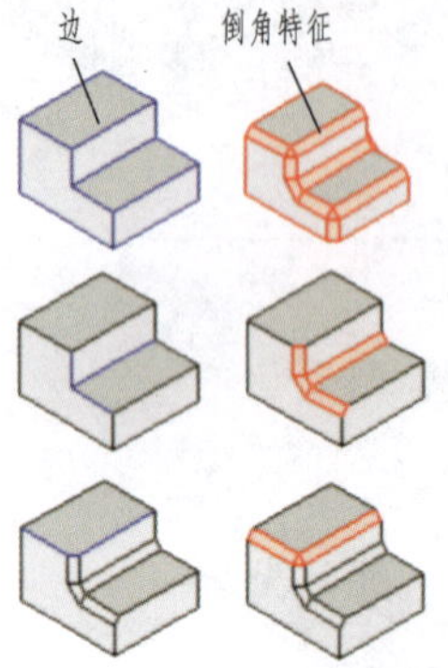

图 K402.2-1　倒角示例

链接知识 K701 中，减速器箱盖的建模流程中，第 39 步是对零件上全部的孔进行倒角处理，具体的操作过程如表 K402.2-1 所示。

表 K402.2-1　孔边倒角处理操作过程

软件操作要点	软件操作简图
点击“造型”选项卡中的“倒角”功能命令，如右图所示。	
在左侧“倒角”输入管理中，选择箱盖上全部需要倒角的孔边，设置倒角距离，如右图所示，再点击“✔”。	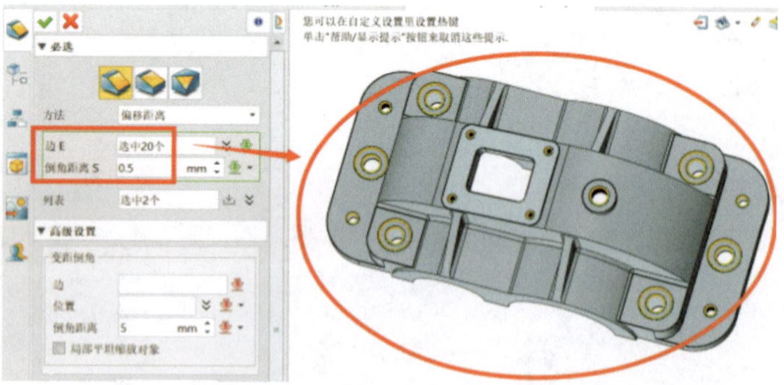

续表

软件操作要点	软件操作简图
完成孔边倒角处理，如右图所示。	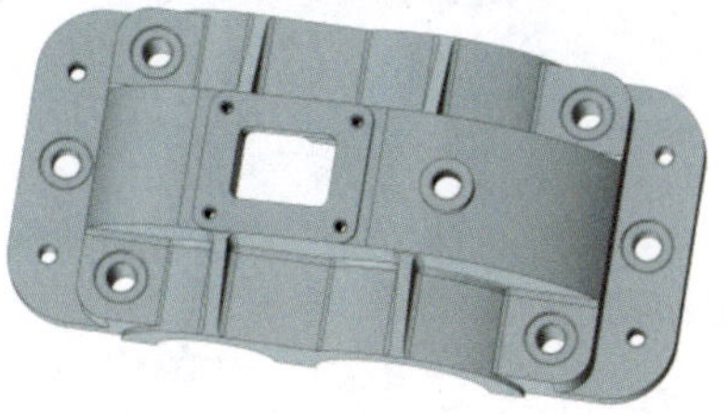

链接知识 A701 装配图的内容

1. 装配图的概念及作用

(1) 装配图的概念。

装配图是用于表达机器或部件的工作原理、运动方式,以及零件间的连接及装配关系的图样,它是生产中的主要技术文件之一。

在生产一部新机器或者部件的过程中,一般要先进行设计,画出装配图,再由装配图拆画出零件图,然后按零件图制造零件,最后依据装配图把零件装配成机器或部件。

在对现有的机器和部件检修工作中,装配图是必不可少的技术资料。在技术革新、技术协作和商品市场中,也常用装配图纸体现设计思想、交流技术经验和传递产品信息。

(2) 装配图的作用。

① 装配图是用于表达机器或部件的工作原理,以及各部件之间的装配关系、连接方式及结构形状的图样,它反映了设计者的设计思想。

② 在设计时要先绘制装配图,然后从装配图中拆画出每个零件图。

③ 在组装机器时,要对照配图进行装配,并根据配图对装配好的产品进行调试和试验,以检验其是否合格。

④ 当机器出现故障时,通常需要通过装配图来了解机器的内部结构,以进行故障分析和诊断。所以装配图在设计、装配、检验、安装调度等各个环节中都是不可缺少的技术文件。

一台机器(或部件)是由若干个零件装配而成的,其工作原理、零件个数、装配工艺、包装设计、运输销售、产品验收等信息都来自装配图。因此,正确地绘制和阅读装配图是工程技术人员必须掌握的基本技能,图 A701-1 所示的是减速器的组成零件。

装配图与零件图在表达方案的选择上有着不同的侧重点。零件图以单个零件为表达对象,以其加工切削位置为主要内容。装配图以组成机器的多个零件为表达对象,以多个零件安装配合位置为主要内容。装配图采用规定画法和特殊画法,表达已经加工检验合格的若干零件之间的相对位置及组装关系。图 A701-2 所示的是减速器的装配图。

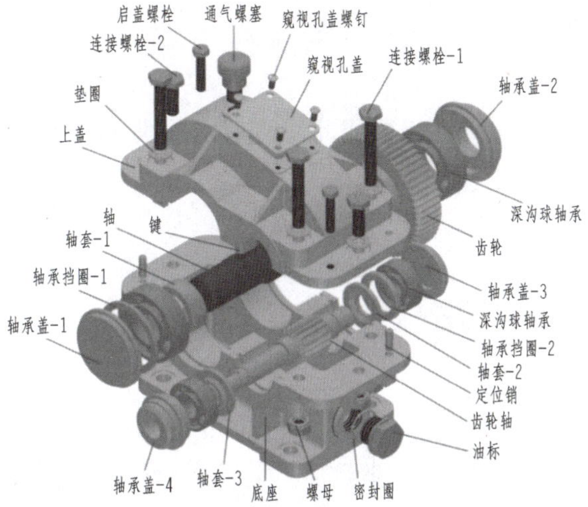

图 A701-1　减速器的组成零件

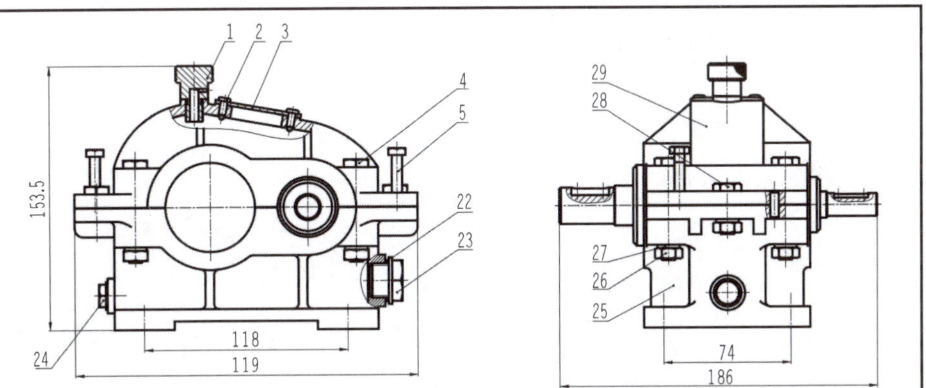

技术要求

1. 各部件装配时需要用煤油洗净并涂上一层黄油；
2. 装配好后箱内注入工业用润滑油，大齿轮的二倍齿高浸入油中；
3. 箱体接触面均匀涂薄层油漆；
4. 减速器涂灰色漆，伸出轴涂黄油。

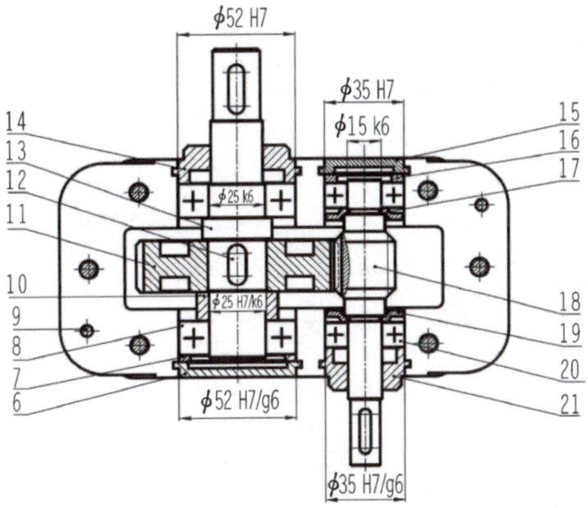

29	JSQ-17	上盖	1	HT200			
28		连接螺栓-2	2				M8×30
27		垫圈	6				
26		螺母	6				
25	JSQ-16	底座	1	HT200			
24		放油螺塞	1				
23	JSQ-15	油标	1	有机玻璃			
22		密封圈	1				ϕ2
21	JSQ-14	轴承盖-4	1	Q235			
20		深沟球轴承	2				6202-RS
19	JSQ-13	轴套-4	1	Q235			
18	JSQ-12	齿轮轴	1	45			
17	JSQ-11	轴套-3	1	Q235			
16	JSQ-10	轴承挡圈-2	1	Q235			
15	JSQ-09	轴承盖-3		Q235			
14	JSQ-8	轴承盖-2	1	Q235			
13	JSQ-7	轴	1	45			
12		键	1				
11	JSQ-6	齿轮	1	45			
10	JSQ-5	轴套-1	1	Q235			
9		定位销	2				ϕ5×16
8		深沟球轴承	2				6205-2RS
7	JSQ-04	轴承挡圈-1	1	Q235			
6	JSQ-03	轴承盖-1	1	Q235			
5		启盖螺钉	2				M6×34
4		连接螺栓-1	4				M8×60
3	JSQ-02	窥视孔盖	1	有机玻璃			
2		窥视孔盖螺钉	4				M4×10
1	JSQ-01	通气螺塞	1	Q235			
序号	代　号	名　称	数量	材　料	单件 重量	总计 重量	备注

减速器

图 A701-2　减速器的装配图

链接知识 A701

装配图的内容

2. 装配图的内容

(1) 一组视图。

选用一组恰当的视图来表达机器或部件的工作原理,各零件间的装配、连接关系和零件的主要结构形状等。

(2) 必要的尺寸。

装配图中的每一个零件,在其零件图中均标注了完整的尺寸。在装配图中另应重点标注的必要尺寸有:性能(规格)尺寸、装配尺寸、安装尺寸、总体尺寸,以及其他重要尺寸。

(3) 技术要求。

用文字和符号说明对部件质量、装配、检测、调整、安装、使用等方面的要求。

(4) 零件序号及明细栏。

说明部件或机器的组成情况,如零件序号是将装配图中各零件按一定格式编号,明细栏用于填写组成部件的所有零件的相关信息。

(5) 标题栏。

标题栏的内容、格式、尺寸等已经标准化,其中填写有机器或部件的名称、代号、比例及参与工作的相关人员的签名等。

链接知识 A702 装配图的图样画法

装配图依然可以采用视图、剖视图、断面图、局部放大图等表达方法，但由于装配图要表达组成机器的若干零件之间的连接关系、结构形状等，与零件图相比较，装配图另有一些特殊表达方法。

1. 装配图的规定画法

(1) 相邻零件的接触表面和配合表面只画为一条线，如图 A702-1(a)所示；不接触表面和非配合表面必须画为两条线，间隙很小时可夸大表示，如图 A702-1(b)所示。

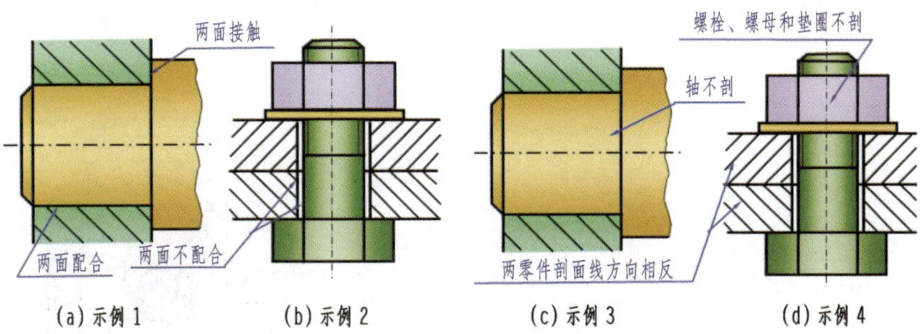

图 A702-1 装配图的规定画法 1

(2) 两个零件邻接时，剖面线的倾斜方向应相反或间隔不同，如图 A701-2 所示，阀体(1 号零件)与阀盖(2 号零件)两零件相邻，在剖切的主视图中，它们的剖面线方向相反。

(3) 同一零件在不同视图上的剖面线，其方向和间隔必须一致，如图 A701-2 所示，对于 1 号零件(阀体零件)，在三个视图中(主视被全剖、俯视被局部剖、左视被半剖)，剖面线的方向与间隔都一致。

(4) 标准件和实心件在被纵向剖切时(剖切平面通过零件的轴线时)，按不剖画图，如图 A702-1(c)和图 A702-1(d)所示。但是当标准件和实心件被横向剖切时(剖切平面垂直于零件的轴线时)，按剖视画图，即画出剖面线。

2. 装配图的特殊表达方法

(1) 沿结合面剖切或拆卸。

在装配图中可假想沿某些零件的结合面剖切或假想将某些零件拆卸后绘制为图

形，以表达装配体内部零件间的装配情况，需要说明时可加注“拆去××等”注写。

① 拆卸与剖视结合。

如图 A701-2 所示，俯视图是假想拆去上面的轴承盖，用剖切面沿轴承盖与轴承座之间的空隙及上下轴衬接触面剖切，由于剖切面垂直于螺柱轴线，故在螺柱被截切处画上剖面线。

② 部分拆卸。

有时为了在某个视图上把装配关系或某个零件的形状表达清楚，或为了简化图形，假想将某些零件在该视图上拆去不画，如图 A701-2 所示的左视图中，假想拆去 13 号零件扳手后画出半剖视图。

(2) 假想画法。

为表达与本装配体有关但不属于本装配体的相邻辅助零部件，可用双点画线画出这些辅助零件的轮廓线。对于某些运动机件，当需要表明其运动范围或运动的极限位置时，也用双点画线表示，如图 A702-2(a)所示的一个手柄的两个极限方向的表示方法。图 A701-2 中的俯视图中同样使用假想画法画出了 13 号零件扳手的两个极限位置。

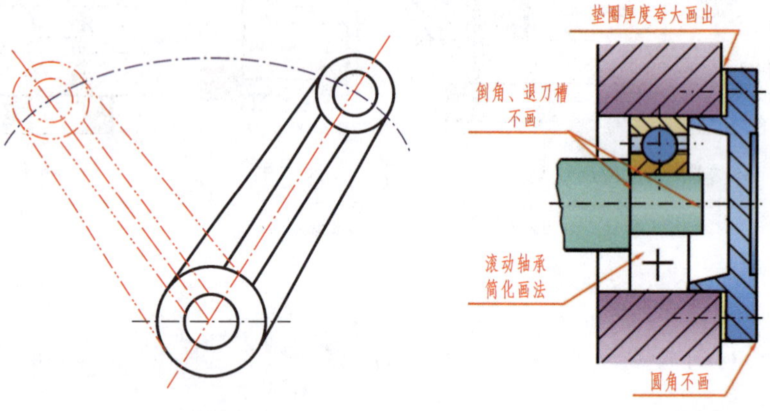

(a) 假想画法　　(b) 简化画法与夸大画法

图 A702-2　装配图的规定画法 2

(3) 夸大画法。

在装配图中，可适当夸大画出薄垫片零件的厚度、细丝弹簧、小间隙等，如图 A702-2(b)所示。

(4) 移出画法。

在装配图中，当某个零件的结构形状未能表示清楚，而此结构又对理解装配关系有直接影响时，可单独画出该零件的一个视图或几个视图，但必须在所画视图上方注出该零件的编号、投射方向和视图名称。

(5) 简化画法。

① 对于装配图中某些零件的部分工艺结构,如倒角、圆角、退刀槽等可省略不画。

② 装配图中的滚动轴承可以采用如图 A702-2(b)所示的简化画法。

③ 对于若干相同规格的零件,如螺纹紧固件中的螺栓、螺母、垫片等连接,可仅详细地画出一组或几组,其余部分则以点画线的形式表示其安装位置即可。

④ 对于外购成品件或另有装配图表达的组件(如油杯、传动系统中的电机等),虽剖切平面通过其对称中心线,但其也可以简化为只画其外形轮廓。

⑤ 对于被弹簧遮挡的结构,不会引起误解处的剖面线符号等可以省略不画。

⑥ 带传动用粗实线表示,链传动用细点画线表示。

此外,在表达某些重叠的装配关系时,如多级传动变速箱,可以假想将空间轴系按其传动顺序展开在一个平面上,画出剖视图,此画法称为展开画法,与机件表达方法中的展开画法一样,也必须加以标注。

链接知识 A704 装配图的视图选择

画装配图时，首先要分析部件的工作原理和装配结构特征，然后选择一组视图，把部件的工作原理、装配关系和零件的主要结构形状表达清楚。

1. 视图选择

（1）视图选择的要求。

① 正确：投影关系正确，图样画法、标注方法符合国家标准规定。

② 完整：部件的功用、工作原理、装配关系及安装关系等内容表达要完全。

③ 清晰：读图时清楚易懂。

（2）主视图的选择原则。

① 反映机器或部件的工作状态或安装状态。

② 反映机器或部件的整体形状特征。

③ 反映机器或部件的主装配线及零件之间的装配关系。

④ 反映机器或部件的工作原理与结构。

（3）其他视图的选择。

对于主视图中尚未表达清楚的工作原理、对外安装、配合关系等装配要素；以及表达零件之间相对位置关系、连接固定关系等的结构要素，应用相应的方法将其完整表达。应不遗漏任何一个零件，同时应避免细节的重复，整套表达方案应力求做到简练、清晰、正确。

2. 滑动轴承装配图示例

图 A704-1 所示的为滑动轴承装配图。

视图选择的方法与步骤如下。

（1）工作原理分析。

滑动轴承是用来支撑轴及轴上零件的一种装置。将轴的两端分别装入滑动轴承的轴孔中转动，以传递扭矩。该部件的主要结构形状是轴承的轴孔，在主视图中应完整地表示出此特征。

（2）结构分析。

装配关系如下。轴承座与轴承盖的连接，由轴承座上的凹槽与轴承盖下的凸起配合定位；轴衬与轴承轴孔的轴向定位，由轴衬两端凸缘卡在轴承轴孔的边缘外锁定；轴

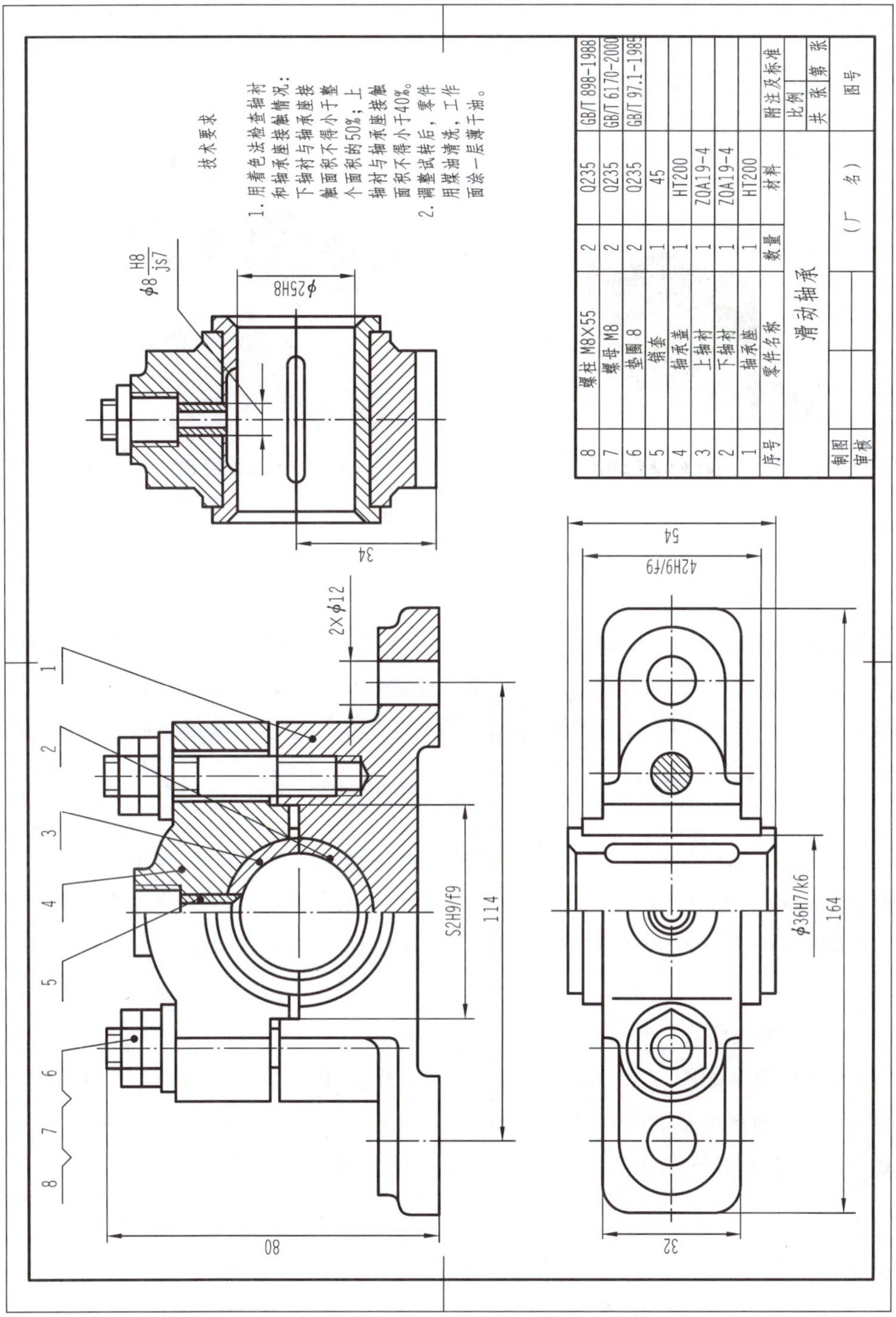

图 A704-1　滑动轴承轴测图及分解图

链接知识 A704

装配图的视图选择

衬与轴承轴孔的径向定位，由轴衬外表面的配合及销套确定。

联接固定关系如下。轴承座与轴承盖用螺柱、螺母、垫圈连接固定。各零件的相对位置关系如图 A704-2 所示。

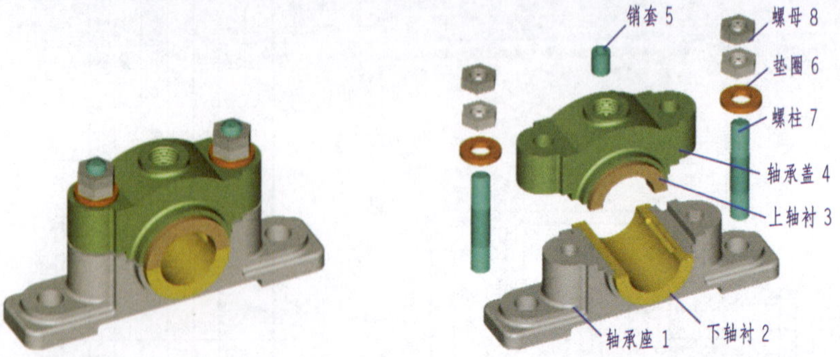

(a) 滑动轴承轴测图　　(b) 滑动轴承分解图

图 A704-2　滑动轴承轴测图及分解图

(3) 选择主视图。

滑动轴承的主视图是按工作位置绘制的，主视图以半剖视的形式清楚地表达了其主要结构承轴孔的特征状态、各零件的形状及零件之间的主要装配关系，如图 A704-1 中的主视图所示，部件的各零件位置、形状都有所表示，轴承座与轴承盖之间的连接固定方式(螺柱、螺母、垫圈连接紧固)也有显示。

(4) 选择左视图。

为了表达上轴衬与轴承盖内半圆孔、下轴衬与轴承座内半圆孔的装配关系及工作原理，选择全剖的左视图，可清楚地表达轴衬与轴承轴孔的轴向定位是由轴衬两端凸缘卡在轴承轴孔的边缘外锁定的；轴衬与轴承轴孔的径向定位是由轴衬外表面的配合及销套确定的。

(5) 选择俯视图。

俯视图选择半剖的方法，假想拆去上面的轴承盖，用剖切面沿轴承盖与轴承座之间的空隙及上下轴衬接触面剖切，以表达滑动轴承的外形特征及轴衬与其座孔的装配情况，由于剖切面垂直于螺柱轴线，故在螺柱被截切处画上剖面线。

链接知识 A708 常见装配结构

在设计和绘制装配图的过程中，应考虑到装配结构的合理性。以保证机器和部件的性能，并给零件的加工和装拆带来方便。确定合理的装配结构，必须具有丰富的实际经验。

对初学者而言，深入细致的分析比较，将有助于理解装配结构合理性的问题，下面举例说明几例常见的装配结构，以供学习参考。

1. 两零件表面配合

两零件表面之间，在同一方向上的接触面或配合面的数量，一般不得多于一个。要使同一方向上的两对表面同时保持接触是很困难的，这不仅要严格保证各表面的加工精度，而且会给装配工作带来不便，如图 A708-1 所示。

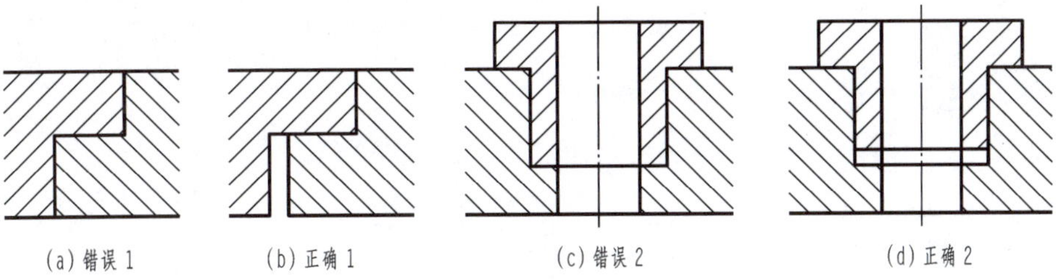

图 A708-1 配合面的合理性

2. 轴和孔的配合

对于轴与孔的配合，必须在孔端面加工出倒角，如图 A708-2(a)所示；或在轴肩处加工出退刀槽，如图 A708-2(b)所示；否则在安装时会出现轴肩与孔端面不贴合的错误，如图 A708-2(c)所示。

3. 销配合处结构

为了保证两零件在装拆前后不致降低装配精度，通常用圆柱销或圆锥销将零件定位。为了加工和装拆方便，在可能的条件下，将销孔做成通孔，如图 A708-3 所示。

4. 紧固件装配结构

为了使螺栓、螺母、螺钉、垫圈等紧固件与被连接表面接触良好，被连接件的表面应加工成凸台或沉孔等结构，如图 A708-4 所示。

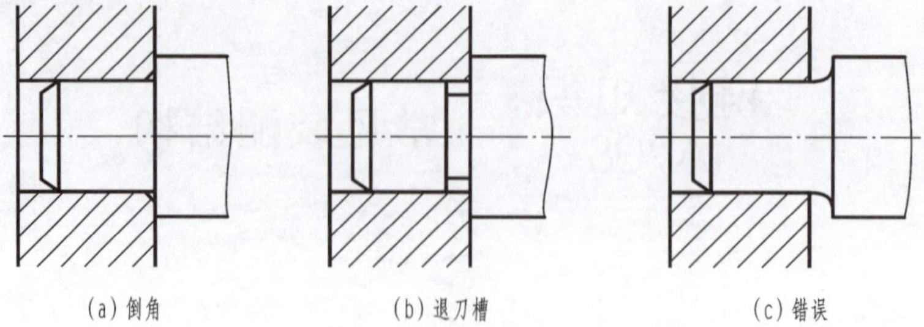

图 A708-2　轴肩加工的合理性

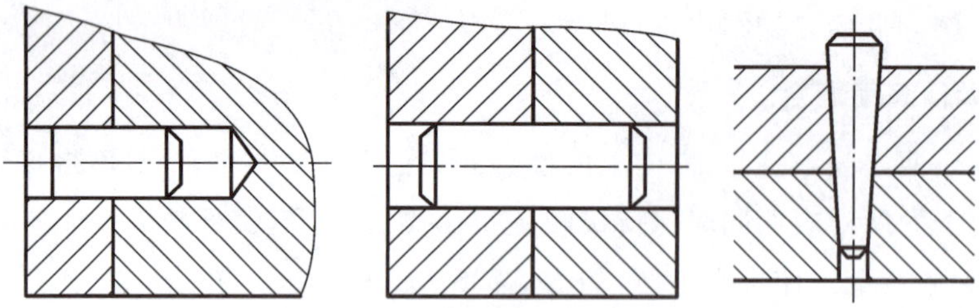

图 A708-3　销定位的合理结构

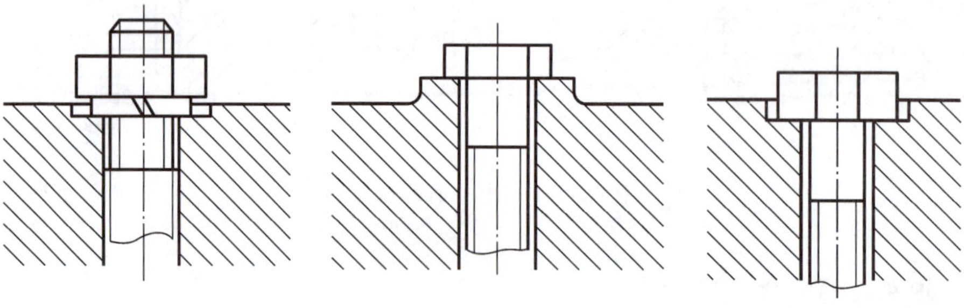

图 A708-4　紧固件的合理结构

5. 防松结构

机器运转时，由于受到振动或冲击，螺纹紧固件可能发生松动，有时可能造成严重事故。因此，在某些机构中需要防松，图 A708-5 展示了几种常用的防松结构。

(1) 用双螺母锁紧，如图 A708-5(a)所示，它依靠两螺母拧紧后产生的轴向力，使螺母、螺栓之间的摩擦力增大而防止螺母自动松脱。

(2) 用弹簧垫圈锁紧，如图 A708-5(b)所示，当螺母拧紧后，垫圈受压变平，依靠这个变形力，螺母与螺栓之间的摩擦力增大且垫圈开口的刀刃阻止了螺母转动而防止螺母松脱。

（3）用开口销防松，如图 A708-5(c)所示，开口销直接锁住了六角开槽螺母，使之不能松脱。

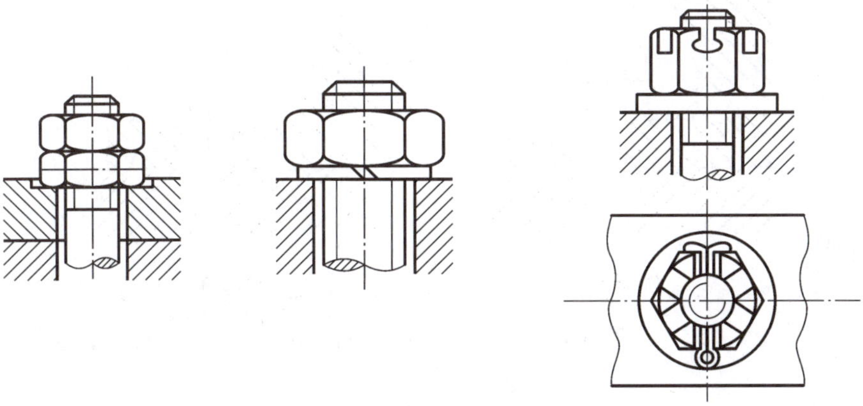

(a) 用双螺母锁紧　　(b) 用弹簧垫圈锁紧　　(c) 用开口销防松

图 A708-5　常用的防松结构

6. 工具使用条件的合理性

在机器或部件上安装某些零件，需要使用工具，如图 A708-6 所示，要给扳手足够的活动空间，否则会导致安装不到位，从而影响机器性能。

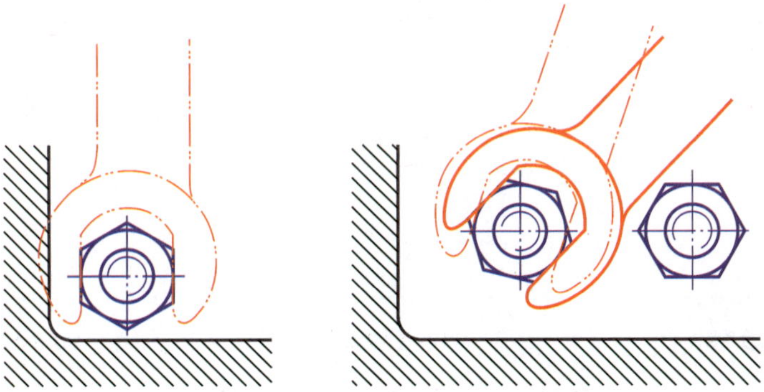

(a) 错误　　(b) 正确

图 A708-6　装配工具使用条件的合理性

7. 零件安装空间的合理性

（1）在安装零件时，需要留有一定范围的安装空间，如图 A708-7 所示，如果没有足够的安装空间，螺钉是无法装入的。

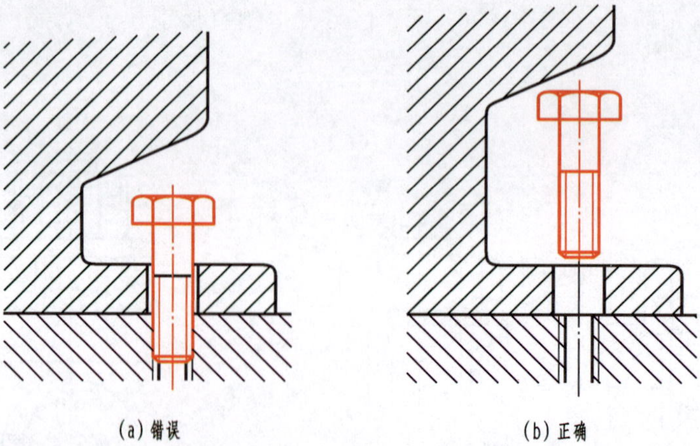

图 A708-7 零件安装空间的合理性 1

(2) 在如图 A708-8 所示的三张图中，图 A708-8(a)所示的画法是不合理的，因为在实际装配过程中，操作困难或根本无法操作。改进的方法有以下两种。

① 若结构允许，可在底座上设计出一个专为安装螺栓的工艺孔(大小为一只手能伸入)，如图 A708-8(b)所示。

② 改用螺柱连接，只要在底座上原来加工光孔处加工螺孔，即可实现安装，如图 A708-8(c)所示。

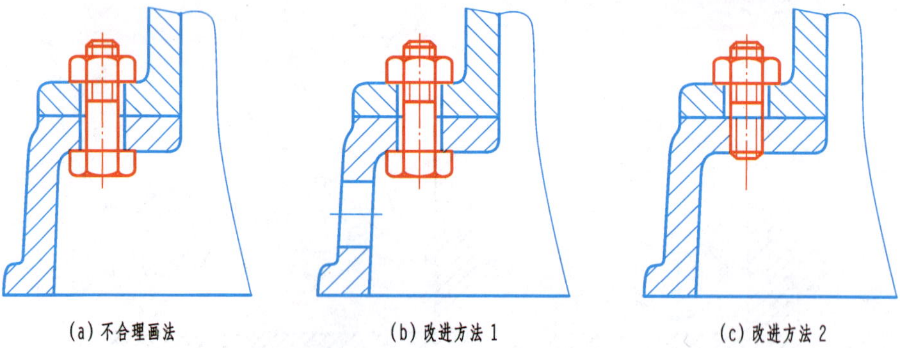

图 A708-8 零件安装空间的合理性 2

链接知识 A705 装配图的尺寸标注

由于装配图的组成部分“零件”的尺寸已在其零件图中完整标注，装配图也不是制造零件的直接依据，因此，在装配图中不需要标注出零件的全部尺寸，而只需要标注出一些必要的尺寸，这些尺寸按作用的不同可以分为几类。下面结合链接知识 A704 中的图 A704-1 滑动轴承装配图讨论装配图的必要尺寸（单位：mm）。

1. 性能（规格）尺寸

表示机器或部件性能和规格的尺寸，在设计时就已经确定，也是设计、了解和选用机器或部件的依据。如滑动轴承的轴孔直径 ϕ25H8 与配合的轴承直径有关。

2. 装配尺寸

零件之间的配合尺寸及影响其性能的重要相对位置尺寸。如滑动轴承的轴承座与轴承盖之间的配合尺寸 52H9/f9；轴衬与轴承轴孔的径向配合尺寸 ϕ36H7/k6；轴衬与轴承轴孔的轴向配合尺寸 42H9/f9；轴承盖与销套的配合尺寸 ϕ8H8/js7。

3. 安装尺寸

将部件安装到机座上所需要的尺寸。如滑动轴承的安装面大小 32×164；安装孔的定位尺寸 114 及安装孔的尺寸 2×ϕ12。

4. 外形尺寸

部件在长、宽、高三个方向上的最大尺寸。用于说明机器或部件工作时所需要的空间大小，也包括机器或部件在包装、运输过程中所需要的空间。如滑动轴承的总长、总宽、总高尺寸分别为 164、54、80。

5. 其他重要尺寸

机器或部件上的一些关键尺寸，在设计过程中已经决定要确保的尺寸。如滑动轴承轴孔的定位尺寸 34。

上述五类尺寸之间并不是孤立无关的。实际上有的尺寸往往同时具有多种作用，例如轴衬的尺寸 54，它既是外形尺寸，又与安装有关。此外，一张装配图中有时也并不全部具备上述五类尺寸。因此，对装配图中的尺寸需要作具体分析，然后进行标注。

链接知识 A706 装配图的零件序号、明细栏和技术要求

为了便于读图，便于图样管理，以及做好生产准备工作，装配图中所有组成机器或部件的零件，都必须按顺序编写序号，同一装配图中相同的零件、部件（即每一种零件、部件）只编写一个序号，如图 A704-1 所示的滑动轴承装配图中的主视图中，八类零件共有八个编号，它们被依次标出并被填入明细栏内以便管理和使用。每个零件在明细栏内的序号必须与在视图中标注的一致，明细栏通常也被称为明细表。

1. 零件序号

零件序号即零件的顺序编号，其是由黑圆点、指引线、横线或圆、数字组成的。在所编序的零件的可见轮廓线内（剖切时，在剖面区域内）绘制黑圆点作为起始点，用指引线引出并在其末端画横线或圆（均为细实线），最后注上其序号。序号的字高比尺寸数字大一号或两号，如图 A706-1(a)所示。

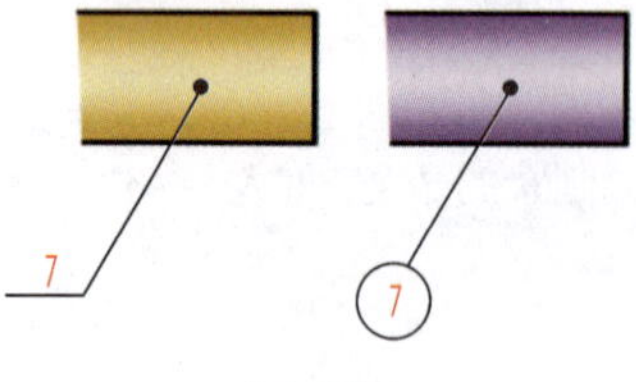

(a) 示例 1

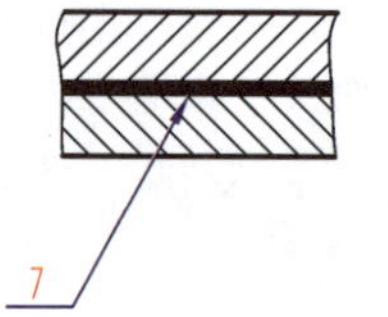

(b) 示例 2

(c) 示例 3

图 A706-1　零件序号

2. 绘制指引线的注意事项

(1) 当指引线通过有剖面的区域时，不应与剖面线平行，以避免与剖面线混淆。

(2) 当所指零件很薄（如垫圈等）或剖面抹黑，不便画黑圆点时，可用箭头替代圆点，箭头应指向该零件的轮廓线，如图 A706-1(b)所示。

(3) 指引线可以画成折线，但只可曲折一次，如图 A706-1(c)所示。

(4) 指引线应尽量从一个视图中引出，线与线之间应均匀分布，相互之间不能相交。末端的横线或圆必须沿水平或垂直方向对齐。

(5) 一组螺纹紧固件可以采用公共指引线。其编号形式如图 A704-1 中的零件编号 6、7、8 所示，或如图 A706-2 所示。

3. 编写序号数字的注意事项

(1) 先检查需要编号零件的指引线和横线，无重复无遗漏时，再统一填写数字序号。

(2) 数字必须填写在指引线末端横线的上方或圆内，字高应比尺寸数字大一号或两号。

(3) 相同的零件只编一个序号，其数量填写在明细栏内。

4. 零件的编号顺序

图 A704-1 所示的主视图中，所有零件按顺序从右向左编号(也可以从左向右编号)。如果零件类型较多，序号数较多，排序队伍需要转向，应注意序号数字不可随意跳跃，必须按顺时针或逆时针方向整齐排列，以方便查找零件，图 A706-3 所示的为逆时针编排的零件序列号。

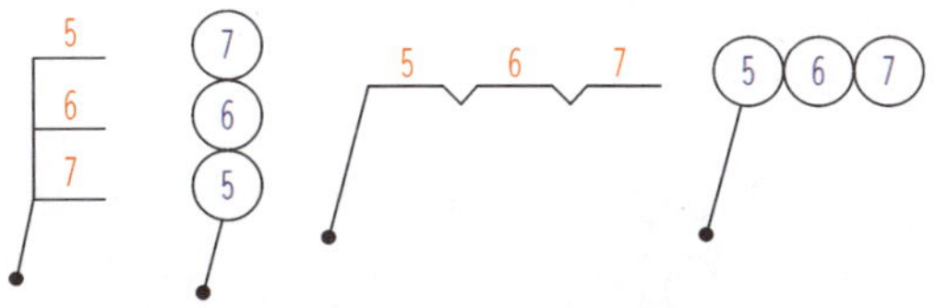

图 A706-2　螺纹紧固件的编号形式

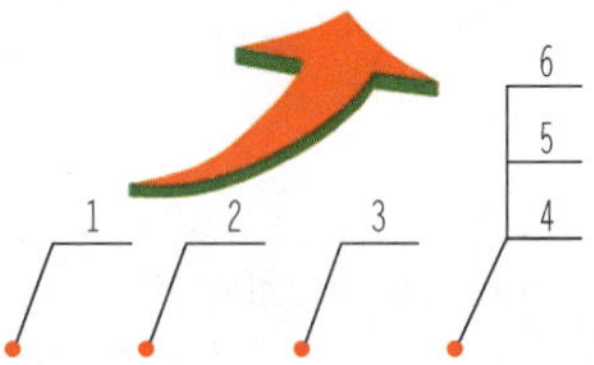

图 A706-3　零件序号的排列

5. 装配图的明细栏

明细栏是机器或部件全部零件的详细目录，表中填有序号、零件名称、数量、材料、附注及标准等，格式参照国家标准 GB/T 10609.2。

明细栏应配置在标题栏的上方，当位置不够时，可将明细栏分段移至标题栏左边继续填写，如图 A706-4 所示。

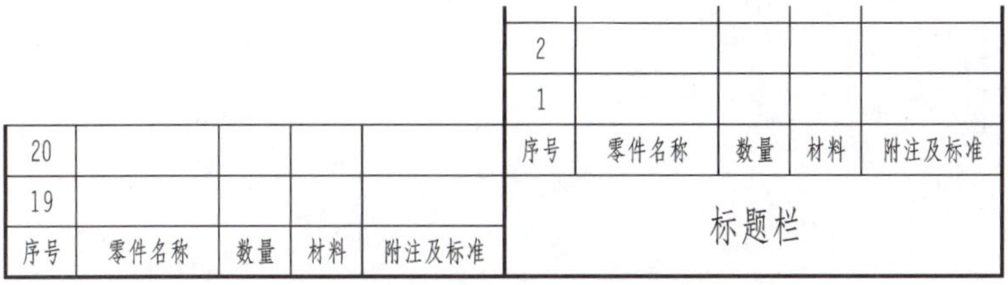

图 A706-4　装配图的明细栏

明细栏中的序号必须与装配图中的零件编号一致，并且应自下而上填写，便于及时添加零件序号。因此，应首先在视图中编排零件序号再到明细表中按顺序填写明细栏。

6. 技术要求

装配图上的技术要求主要用于说明装配体的装配要求、检验要求、安装和使用要求。

(1) 装配要求。

机器或部件在装配过程中需注意的事项及装配后应达到的要求,如加工说明、装配方法、润滑要求等。

(2) 检验要求。

对机器或部件基本性能的检验、试验要求及操作时的要求,如方法及条件、工具规定、判定条件等。

(3) 安装和使用要求。

机器或部件的规格参数、维护保养要求、使用时的注意事项及要求,如维护保养、操作注意、维修规范等。

链接知识 A711 拆画零件图

在实际设计和生产工作中，经常需要阅读装配图。例如，在设计过程中，要按照装配图来设计和绘制零件图；在安装机器或部件时，要按照装配图来装配零件和部件；在进行技术学习或技术交流时，要参阅有关装配图才能了解、研究一些工程技术问题。所以，读装配图是工程技术人员必备的一种能力。

1. 读装配图的一般要求

(1) 了解装配图的功能、性能和工作原理。

(2) 弄清各零件间的装配关系和装拆次序。

(3) 看懂各零件的主要结构形状和作用等。

(4) 了解技术要求中的各项内容。

2. 读装配图的方法和步骤

以图 A711-1 所示的齿轮油泵装配图为例，叙述读装配图的过程。

3. 概括了解装配图的内容

(1) 看标题栏并参阅有关资料，了解部件的名称、用途和使用性能。

由图 A711-1 中的标题栏可知，该部件名称为“齿轮油泵”，其是安装在油路中的一种供油装置。

(2) 看零件编号和明细栏，了解零件的名称、数量及其在图中的位置。

由明细栏和外形尺寸可知“齿轮油泵”由 15 个零件组成，结构不太复杂。

(3) 分析视图，弄清各个视图的名称、所采用的表达方法和所表达的主要内容及视图间的投影关系。

齿轮油泵装配图由两个视图表达：主视图采用全剖视，表达了齿轮油泵的主要装配关系。全剖的主视图中，2 号与 3 号为齿轮轴类零件，按剖切位置是作不剖处理的，但为了表达齿轮轴的轮齿部分及啮合关系，采用了局部剖视。左视图沿左端盖和泵体结合面半剖切，并沿进油口轴线取局部剖视，表达了齿轮油泵的工作原理。

4. 分析部件的工作原理

分析装配体的工作原理，一般应从传动关系入手，分析视图及参考说明书对其进行了解。

例如，齿轮油泵的工作原理分析，应从装配图中的左视图入手：当外部动力经传动

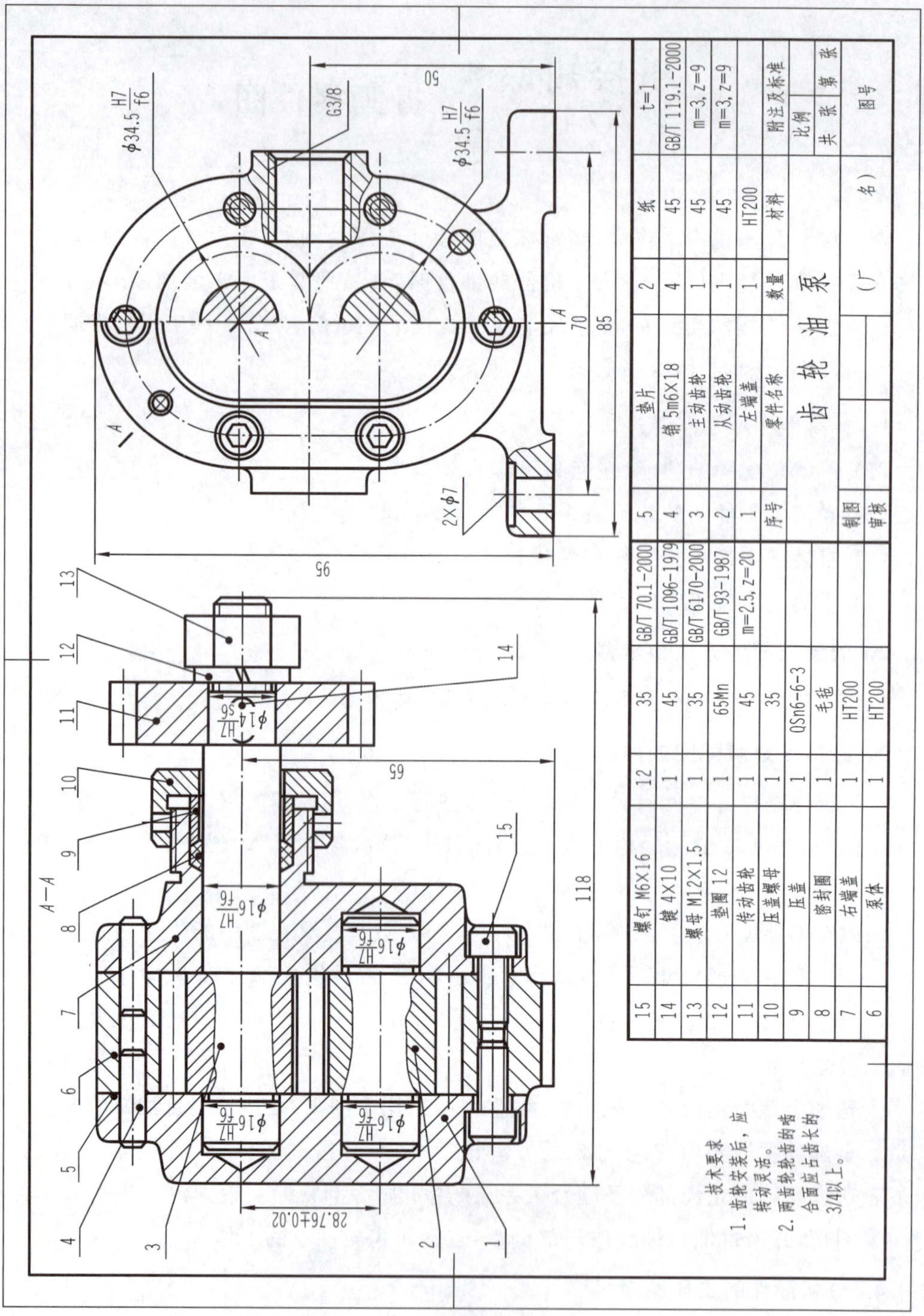

图 A711-1 齿轮油泵的装配图

齿轮(11 号零件)传至主动齿轮(3 号零件)时,即产生旋转运动。当主动齿轮(3 号零件)按逆时针转动时,从动齿轮(2 号零件)则按顺时针转动。此时油泵腔内的油液被输送到出油口。同时,齿轮啮合区(两齿轮中间轮齿咬合区)右边的压力降低,使得与进油口相接的油池中的油在大气压力作用下,从进油口进入泵腔内。随着齿轮的转动,齿槽中的油不断沿箭头方向被轮齿带到左边,高压油从出油口送到了输油系统,如图 A711-2 所示。

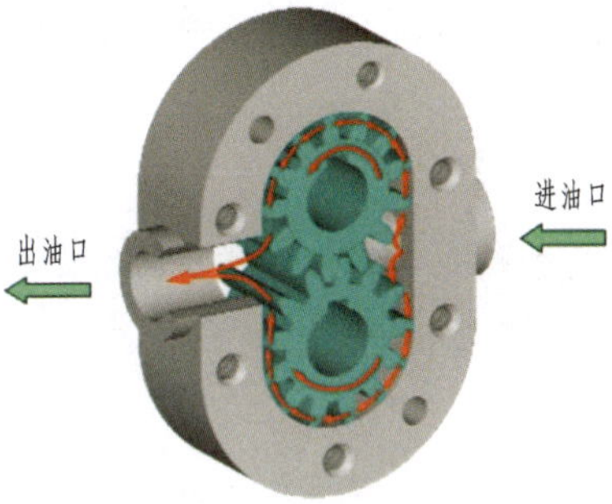

图 A711-2　齿轮油泵的工作原理

5. 分析零件间的装配关系和部件结构

若要分析了解部件的装配关系,必须先弄清零件之间的配合关系、连接固定方式等。

(1) 装配关系。

齿轮油泵的装配线共有两条。一条是主动齿轮轴系统,主动齿轮(3 号零件)装在泵体(6 号零件)和左端盖(1 号零件)及右端盖(7 号零件)的轴孔内;在主动齿轮轴右边的伸出端,装有由压盖(9 号零件)和压盖螺母(10 号零件)等组成的密封装置。另一条是从动齿轮轴系统,从动齿轮(2 号零件)也装在泵体和左端盖及右端盖的轴孔内,与主动齿轮啮合在一起。

(2) 配合关系。

根据装配图中配合尺寸的配合代号,判别零件之间的配合制、配合种类及轴、孔的公差等级,如图 A711-1 所示,两齿轮轴与左、右端盖内轴孔的配合尺寸均为 $\phi16H7/f6$,根据此配合代号查表得出其为基孔制的间隙配合,说明轴在左、右端盖的轴孔内是转动的。齿顶圆与泵体内壁的配合尺寸为 $\phi34.5H7/f6$,仍属于基孔制的间隙配合,说明齿轮的轮齿部分在泵体内的转动是灵动的。而主动齿轮轴系上另有配合尺寸 $\phi14H7/s6$,为主动齿轮轴与传动齿轮(11 号零件)的配合代号,其配合归属过盈配合。说明两者之间无间隙,加之零件键(14 号零件)的作用,保证了两者之间的同步以便扭矩的传递。

(3) 连接和固定方式。

应弄清楚零件之间的连接方式,零件的定位方式、固定手段。

① 左、右端盖与泵体各用 6 个螺钉连接，并各配套 2 个销钉准确定位。

② 齿轮轴靠齿轮端面与左、右端盖内侧面接触实现轴向定位。

③ 传动齿轮(11 号零件)在轴上，左边以 $\phi16$ 轴为轴肩定位，右边用螺母(13 号零件)固定定位。

(4) 密封装置。

为了防止漏油及灰尘、水分进入泵体内影响齿轮传动，在主动齿轮轴的伸出端设有密封装置，靠压盖螺母(10 号零件)和压盖(9 号零件)将密封圈(8 号零件)压紧密封。左、右端盖与泵体之间有垫片(5 号零件)密封。垫片的另一个作用是调整齿轮的轴向间隙。

(5) 装拆顺序。

部件的结构应利于零件的装拆。齿轮油泵的拆卸顺序为螺钉(15)、销(4) → 左端盖(1) → 齿轮轴(2)→螺母(13)及垫圈(12)→传动齿轮(11)→压盖螺母(10)、压盖(9)及密封圈(8)→传动齿轮轴(3)。

6. 分析零件，弄清零件的结构形状

部件由若干个零件组成，分析零件应该依照以下顺序。

(1) 先看主要零件，再看次要零件。

(2) 先看容易分离的零件，再看其他零件。

(3) 先分离零件，再分析零件的结构形状。分离零件的方法为：① 看零件编号，分离不剖零件；② 分离剖切零件，根据剖面线的方向和间隔的不同，及视图间的投影关系等区分形体。

(4) 看尺寸，综合考虑零件的功用、加工、装配等情况，然后确定零件的形状。

(5) 对于不能确定的部分，要根据零件的功用及结构常识确定其形状。

如 6 号零件泵体的分离过程如下：首先，从标注零件序号的主视图中找到序号 6，顺着 6 号指引线的根部找到黑圆点，根据黑圆点所在区域剖面线的方向及视图间的投影关系，依据“同一个零件在不同视图中的剖面线应相同”的原则来确定该零件在不同视图中的投影。以此，可以根据装配图分离出属于 6 号零件的投影，如图 A711-3 所示。

分析被分离出来的 6 号泵体零件图，虽然图形还不完整，但其主体部分基本显露：外形和内腔都是长圆形，腔内容纳一对齿轮。两旁的锥台内有进、出油口与内腔相通，泵体的两个端面有与左、右端盖连接用的螺钉孔和销孔。对于底板部分，根据结构常识，可知底板呈长方形，两边各有一个固定用的螺栓孔，底板上方的沉孔和下方的凹槽，均是为了减少加工面，且经加工后的工作平面，保证了齿轮油泵的固定平稳。经分析可知，齿轮油泵泵体的形状如图 A711-5 所示。

(6) 逐个分析油泵部件的其余零件，各零件的形状如图 A711-5 所示。

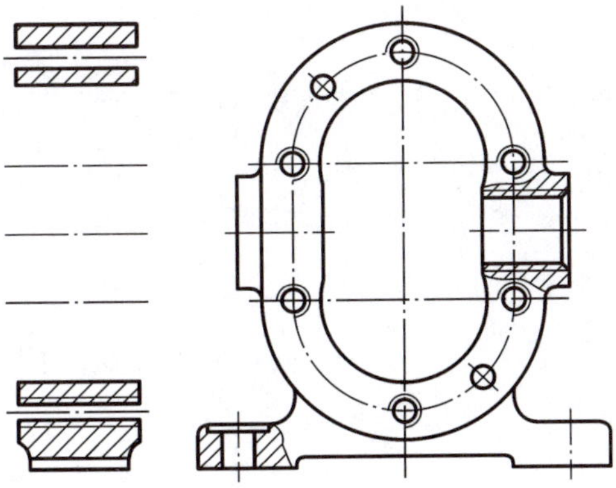

图 A711-3　分离泵体零件

图 A711-4　泵体形状

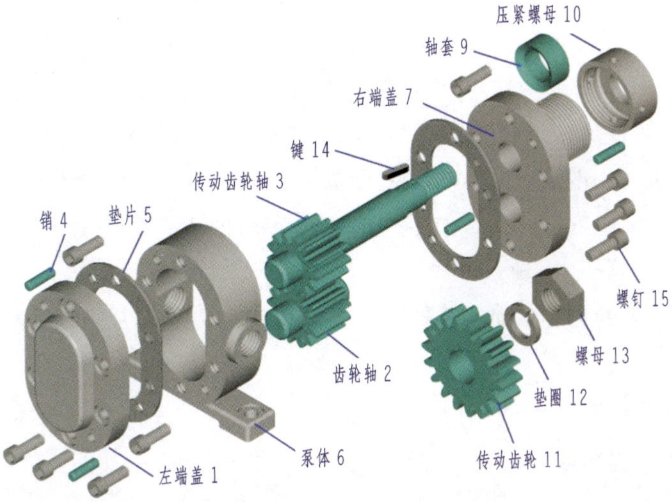

图 A711-5　齿轮油泵各零件形状

7. 总结归纳

以上所述的是读装配图的一般方法和步骤，事实上有些步骤不能截然分开，而是交替进行。再者，读图总有一个具体的重点目标，在读图过程中应该围绕着这个重点目标去分析、研究。为了能够达到这个目标，可以灵活地解决问题。

8. 由装配图拆画零件图

由装配图拆画零件图，是将装配图中的非标准零件从装配图中分离出来画成零件图的过程，这是设计工作中的一个重要环节。

根据装配图画零件图的工作也被称为“拆图”，拆图的过程往往也是设计零件的过程。在拆画前必须认真阅读装配图。正如“读装配图的方法和步骤”中的内容，在全面了解装配图各种信息的基础上，还必须考虑零件在制造、装配、维修等方面的工艺要求。

9. 拆画零件图的步骤

(1) 按读装配图的要求，看懂部件的工作原理、装配关系和零件的结构形状。

(2) 根据零件图视图表达的要求，确定各零件的视图表达方案。

(3) 根据零件图的内容和画图要求，画出零件工作图。

注意区分零件图与装配图在视图内容、表达方法、尺寸标注等方面的不同。

10. 拆画零件图应注意的问题

(1) 零件的视图表达方案应根据零件的结构形状确定，而不能盲目照抄装配图。

(2) 在装配图中省略不画的零件的一些工艺结构，如倒角、圆角、退刀槽等，在零件图中应全部重新补全。

(3) 除在装配图中注出的尺寸需要“搬过来”外，其余尺寸都要在图上按比例直接量取并取整数。对于与标准件连接或配合的尺寸，如螺纹、倒角、退刀槽等，需要查标准后将其注出。对于有配合要求的表面，要注出尺寸的公差带代号或偏差数值。

(4) 根据零件各表面的作用和工作要求，注出各表面粗糙度代号。

① 配合表面：Ra 取 3.2～0.8，公差等级高的表面 Ra 取较小值。

② 接触面：Ra 取 6.3～3.2，如零件的定位底面的 Ra 可取 3.2，一般端面的 Ra 可取 6.3 等。

③ 对于需加工的自由表面(不与其他零件接触的表面)：Ra 可取 25～12.5，如螺栓孔等。

(5) 根据零件在部件中的作用和加工条件，确定零件图的其他技术要求。

11. 拆画零件图实例

根据图 A711-1 所示的齿轮油泵的装配图，拆画泵体(6 号零件)的零件图。

拆画方法与步骤如下。

（1）拆画视图。

依据前面章节所学知识，分离出属于泵体零件的投影图框，如图 A711-6 所示，主视图残缺是因为某些图线被装在其内部的零件所遮挡。根据齿轮油泵的工作原理，分析泵体零件所承担的功能，将被遮挡的图线添补齐全。再依据泵体零件的内外形状及复杂程度选择表达方案，绘制出完整的视图，如图 A711-7 所示，左视图为 *A-A* 旋转剖，另外增加 *B* 向视图，以表达底板的特征。装配图中省略不画的一些工艺结构，如倒角、圆角、退刀槽等，在视图中应补全画出。

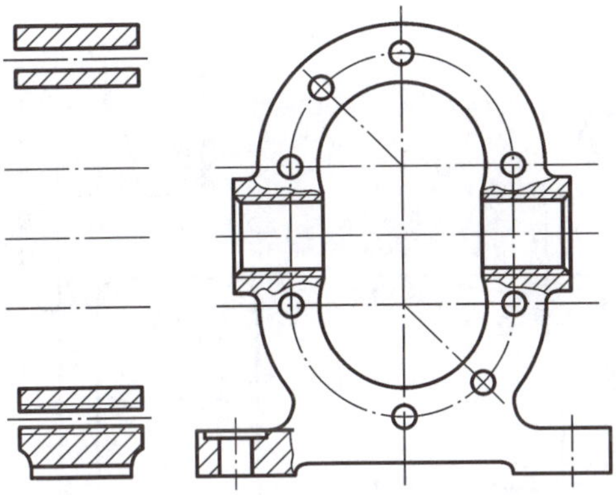

图 A711-6　由装配图分离出的零件图

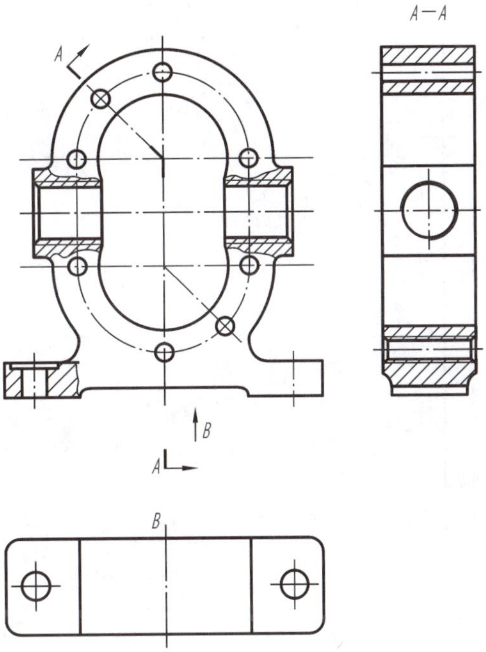

图 A711-7　泵体形体图

（2）视图仅表达了泵体的形状，还需要标注尺寸表达其大小。

由装配图中的尺寸分离出属于泵体的尺寸：2×ϕ7、70、85、50、G3/8、ϕ34.5H7/f7，其中，尺寸 ϕ34.5H7/f7 为齿轮轴齿顶圆与泵体内壁的配合尺寸，应将其分解成尺寸 ϕ34.5H7 和 ϕ34.5f7，前者即为泵体内腔尺寸（后者为齿轮轴轮齿的齿顶圆尺寸），公差带带号 H7 表示其为基准孔，公差等级为 7。查表得上偏差为＋0.027，下偏差为 0。将分离尺寸标注在视图上，如图 A711-8 所示。

（3）标注完整的泵体零件尺寸、粗糙度要求、技术要求，填写标题栏，完成泵体的零件图，如图 A711-9 所示。

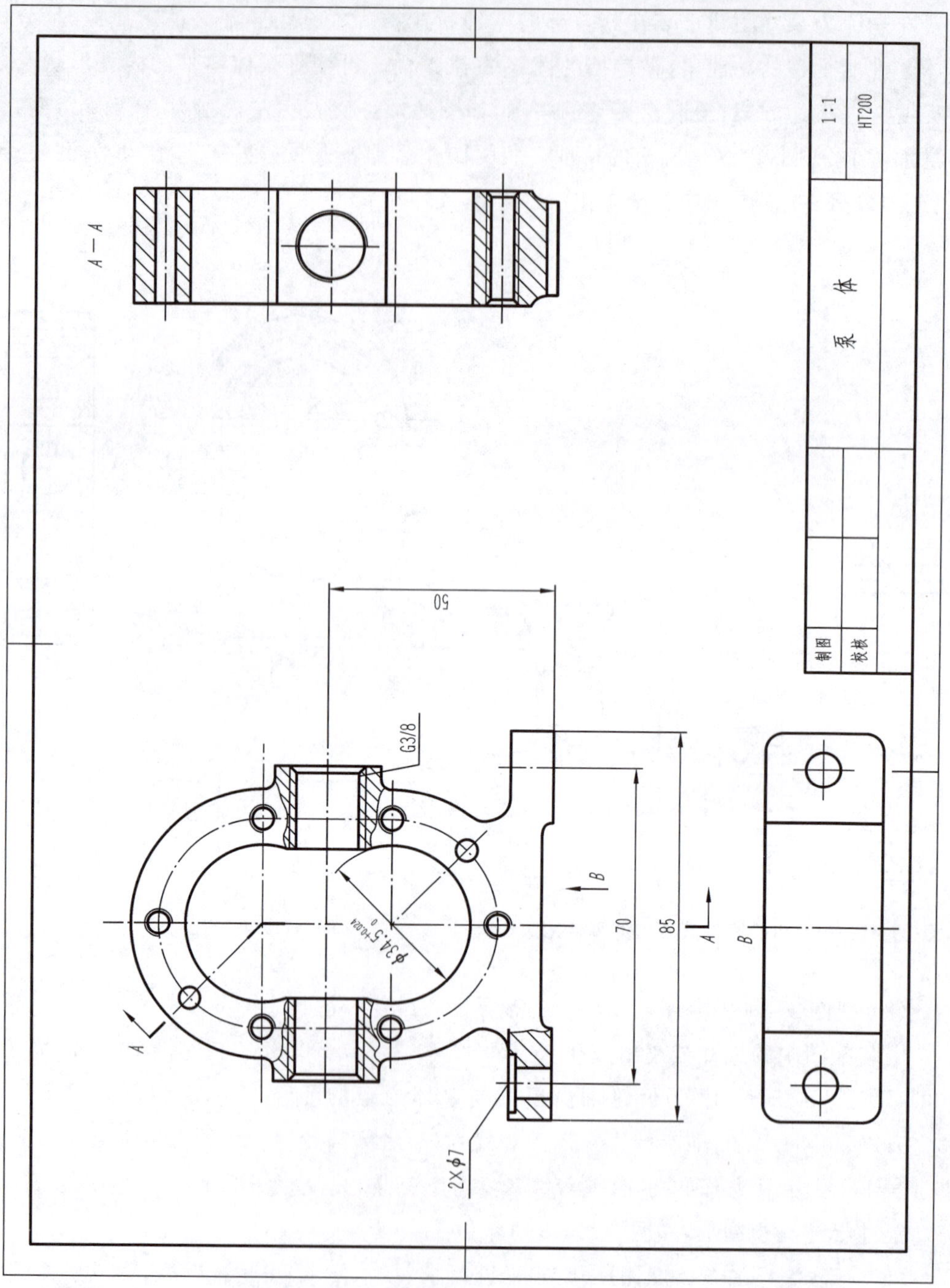

图 A711-8　从装配图中分离的部分零件尺寸

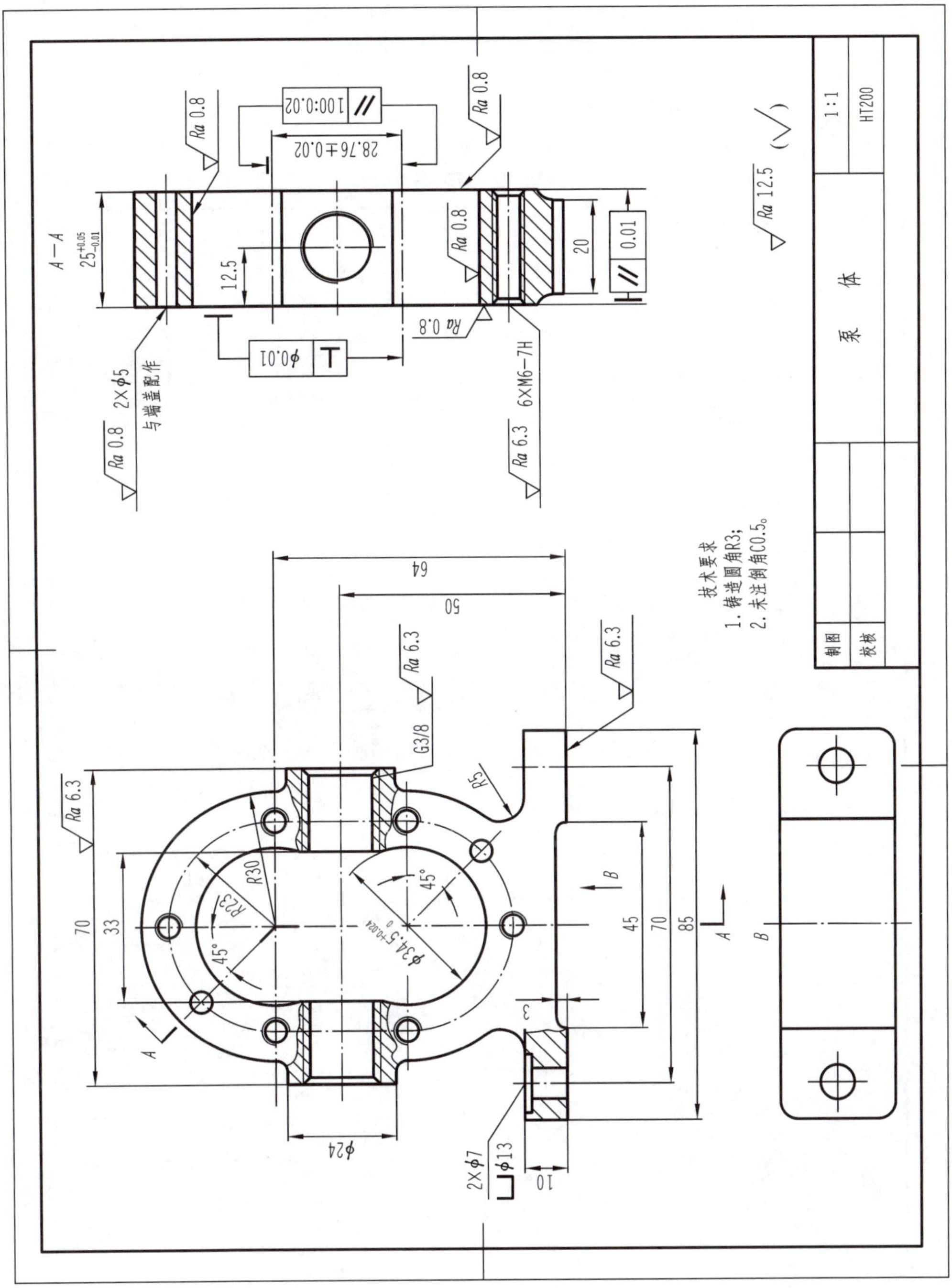

图 A711-9 泵体零件图

附　录

关键知识点编码

A504.2	两个圆柱齿轮啮合的画法
A504.1	单个直齿圆柱齿轮的测绘
A701	装配图的内容
A702	装配图的图样画法
A704	装配图的视图选择
A708	常见装配结构
A705	装配图的尺寸标注
A706	装配图的零件序号、明细栏和技术要求
A711	拆画零件图
B201	键连接
B202	销连接
B802.1	滚动轴承的结构和类型
B802.2	滚动轴承的代号
B802.3	滚动轴承润滑、密封
B802.4	滚动轴承的画法
B401	标准直齿圆柱齿轮的基本知识
B403	齿轮传动概述
K101	中望3D软件基本界面
K103	自定义操作
K301	草图绘图
K302	草图约束
K401	基础造型
K401.1	基本体
K402.1	圆角
K402.4	孔
K401.2	拉伸
K403.6	简化
K403.1	面偏移

K404.2	实体镜像
K405.2	基准 CSYS
K402.5	筋
K402.2	倒角
K406	轴的建模实例
K501	装配设计界面
K502	装配管理
K503	组件装配
K504	装配约束
K505	编辑与查询
K602	视图布局
K604	轴的工程图实例
K701	减速器箱盖建模分析
K901	中望 CAD 软件认识界面
K902	图幅设置
K903	图层设置
K904	删除、移动
K905	尺寸标注
K906	技术要求编辑
K907	输出 PDF 文档

参考文献

[1] 钱可强. 机械制图[M]. 北京：高等教育出版社，2017.

[2] 人力资源社会保障部教材办公室. 极限配合与技术测量基础[M]. 北京：中国劳动和社会保障出版社，2014.

[3] 崔陵，娄海滨. 零件测量与质量控制技术[M]. 2 版. 北京：高等教育出版社，2014.

[4] 高平生. 中望 3D 建模基础[M]. 北京：机械工业出版社，2022.